青少年自然科普丛书

# 自 然 生 态

方国荣　主编

台海出版社

图书在版编目（CIP）数据

自然生态 / 方国荣主编. —北京：台海出版社，
2013. 7
（大自然科普丛书）
ISBN 978-7-5168-0202-1

Ⅰ. ①自…Ⅲ. ①方…Ⅲ. ①生态环境—青年读物
②生态环境—少年读物 Ⅳ. ①X171.1-49

中国版本图书馆CIP数据核字（2013）第132712号

**自然生态**

主　　编：方国荣

责任编辑：王　品
装帧设计：视界创意　　　　　版式设计：钟雪亮
责任校对：刘　琳　　　　　　责任印制：蔡　旭

出版发行：台海出版社
地　　址：北京市朝阳区劲松南路1号，　邮政编码：　100021
电　　话：010—64041652（发行，邮购）
传　　真：010—84045799（总编室）
网　　址：www.taimeng.org.cn/thcbs/default.htm
E-mail：thcbs@126.com

经　　销：全国各地新华书店
印　　刷：北京一鑫印务有限公司
本书如有破损、缺页、装订错误，请与本社联系调换

开　　本：710×1000　　1/16
字　　数：173千字　　　　　　印　　张：11
版　　次：2013年7月第1版　　印　　次：2021年6月第3次印刷
书　　号：ISBN 978-7-5168-0202-1

定价：28.00元

# 目录 MU LU

## 生命之链

## 保护自然

# 我们只有一个地球

方国荣

巨人安泰是古希腊神话中一个战无不胜的英雄，他是人类征服自然的力量象征。

然而，作为海神波塞冬和地神盖娅的儿子，安泰战无不胜的秘诀在于：只要他不离开大地——母亲，他就能汲取无尽的能量而所向无敌。

安泰的秘密被另一位英雄赫拉克勒斯察觉了。赫拉克勒斯将他举离地面时，安泰失去了母亲的庇护，立刻变得软弱无力，最终走向失败和灭亡。

安泰是人类的象征，地球是母亲的象征。人类离不开地球，就如鱼儿离不开水一样。

人类所生存的地球，是由土地、空气、水、动植物和微生物组成的自然世界。这个世界比人类出现要早几十亿年，人类后来成为其中的一个组成部分；并通过文明进程征服了自然世界，成为自然的主人。

近代工业化创造了人类的高度物质文明。然而，安泰的悲剧又出现了：工业污染，动物濒灭，森林砍伐，水土流失，人口倍增，资源贫竭，粮食危机……地球母亲不堪重负，人类的生存环境遭到人类自身严重的破坏。

人类曾努力依靠文明来摆脱对地球母亲的依赖。人造卫星、航天飞机上天，使向月亮和其他星球"移民"成为可能；对宇宙的探索和征服使人类能够寻找除地球以外的生存空间，几千年的神话开始走向现实。

然而，对于广袤无际的宇宙和大自然来说，智慧的人类家族仍然是幼稚的——人类五千年的文明成果对宇宙时空来说只是沧海一粟。任何成功的旅程都始于足下——人类仍然无法脱离大地母亲的庇护。

美国科学家通过"生物圈二号"的实验企图建立起一个模拟地球生态的人工生物圈，使脱离地球后的人类能到宇宙中去生存。然而，美好理想失败了，就目前的人类科技而言，地球生物圈无法人工再造。

英雄失败后最大的收获是"反思"。舍近求远不是唯一的出路，我们何不珍惜我们现在的生存空间，爱我地球、爱我母亲、爱我大自然，使她变得更美丽呢？

这使人类更清晰地认识到：人类虽然主宰着地球，同时更依赖着地球与地球万物的共存；如果人类破坏了大自然的生态平衡，将会受到大自然的惩罚。

青少年是明天的主人、世界的主人，21世纪是科学、文明、人与自然取得和谐平衡的世纪。保护自然、保护环境、保护人类家园是每个青少年义不容辞的职责。

"青少年自然科普丛书"是一套引人入胜的自然百科和环境保护读物，融知识性和趣味性于一炉。你将随着这套丛书遨游太空和地球，遨游海洋和山川，遨游动物天地和植物世界；大至无际的天体，小至微观的细菌——使你从中学到丰富的自然常识、生态环境知识；使你了解人与自然的关系，建立起环境保护的意识，从而激发起你对大自然、对人类本身的进一步关心。

# ◎ 令人忧天 ◎

大气受污染；森林遭破坏；河流被淤塞；
"人口大爆炸"；灾害频发生……

我们的地球由于自然和人为的因素，今已
不堪重负，正在发出沉痛的呻吟和呼救……

# 大地是我们的母亲

　　古希腊神话中说，有一个巨人叫安泰，是海神波塞冬和地神盖娅的儿子，他只要双脚不离开大地，就力大无比，格斗起来任何敌人都打不败他。这是因为地神是他的母亲，母亲能不断地给他无穷的力量。

　　巨人安泰简直可以说是人类的化身，因为人类同样不能离开大地。大地也像母亲一样哺育着人类。她无私地奉献一切，长起瓜果蔬菜、五谷杂粮，养活猪马牛羊、鸡鸭鹅兔。人类的衣食住行，没有一样离得开大地；没有大地，人类就没法生存。

　　地球上的土壤，是经过亿万年的沧桑变迁，由岩石慢慢地风化形成的，而那些肥沃的可以种庄稼的耕地，又是几千年来农民辛勤劳作培育的结果。

　　"民以食为天"，这话不知出自哪位古人之口，反正直到今天仍旧没有过时。你看，现在全世界贫穷困扰着大约10亿人，5亿多人营养不良，其中约有5000万人在挨饿。在每年1400万死亡的少年儿童中，约1/3与食品的短缺有关。

　　要生产粮食就需要耕地。不过，你可别以为凡是陆地都可以用来种庄稼，在全球1.49亿平方公里的陆地上，真正可以耕种的土地是很少的，像我们长江中下游平原那样的良田沃土就更少了。

　　全球陆地的1/4是高原山地，高原山地只有一部分可以开垦成农田，弄不好还会造成水土流失。

　　酷热干旱的土地占全球陆地面积的1/3以上。许多大沙漠是荒无人烟的。一般的荒漠旱原，气候干燥，降水稀少，也不利于发展农业。

地球上还有很大一部分的陆地是永久冻土，这里气候寒冷，土壤冻结，不可能种植庄稼。比如几乎全部被冰川覆盖的南极大陆，不仅没有农田，就连定居的居民都没有。

另外还有一些盐碱地、沼泽地等等，一般也都不能用来耕种。

这样七去八扣，地球上可耕地的面积不过1400多万平方公里，仅占全部陆地面积的1/10左右，比例小得很。

令人焦虑的是，就是这么一点仅有的耕地，现在的处境也很不佳，多数不仅没有得到应有的珍惜、爱护，相反是在无情的摧残下痛苦呻吟。

大量的农田被侵占，耕地的面积在减少。全世界有史以来已经损失可耕地大约20亿公顷，比现在全世界的可耕地还多。一方面是可耕地减少，另一方面是人口在增加，结果是人均占有的耕地面积越来越越少：十几年前是0.32公顷，十几年后只有0.15公顷，减少一半还多。

全球的耕地不仅数量在减少，质量也在变坏。水土流失使土壤日益贫瘠，沙漠化、盐碱化使农牧业失收。这还不算，土壤跟空气和水一样，正患着严重的"污染病"。

由于自己的疏忽，安泰离开大地就被他的敌人赫拉克勒斯举在半空中打败了，那么人呢？人类会重蹈安泰的覆辙吗？

# 谁在吞噬我们的土地

　　翻开人类的历史，从古到今，多少战火，无不以争夺食物、土地、自然资源为目的。食物对人类如此重要，那人类从何处得到食物呢？提供人类食物途径主要有两条：一条是陆生生物食物链，它与土地有关，即土壤—农作物—禽畜—人，另一条是水生生物链，它与海洋、江河、湖泊有关，即水—浮游植物—鱼类—人，其中土地上这个食物链最为重要。

　　诗人说土地是人类的母亲，一点也不过份。母亲养育了我们，可我们对这位不求报恩的母亲的"皮肤"—大地，不断地加以破坏，许多地方土地已不能提供植物生长的养料和水分，再不能为人类提供食物了。

　　自人类诞生以来，世界陆地面积由于人类和自然的共同作用，仅有十分之一适合耕种，其余的陆地不是气候不宜，就是由岩石沙粒组成。但是，这十分之一的耕地也在逐年减少。1960年至1971年间，由于建房和修路，日本损失耕地7%，欧洲损失耕地1.45%。加拿大由于城市建设，每年损失耕地8000多平方千米。美国1.2万多平方千米的农田被混凝土和柏油路所吞没。

　　我国洛阳现有耕地面积40.9万平方米，房屋与农田水利建设每年吞掉3780平方米耕地，如此速度下去，百余年后耕地将趋于零。全国的情况又怎样呢？从1957至1980年的23年中，城乡共占用耕地约2770亿平方米，而同一时期，新开垦的农田1728亿平方米，净减972亿平方米，平均每年减少42.3亿平方米。

　　在新开垦的1728亿平方米良田中，包含着围湖造田、毁林造田、破坏植物造田形成的耕地，如今我们正品尝它所带来的后果。

由于森林砍伐，水涝旱灾的作用，使目前世界上30%-80%的耕地，有不同程度盐碱化和土地流失现象。全球每年土地流失达245亿吨，而我国每年流失就占50亿吨，占世界流失土地的20%。全国水土流失面积已达15亿平方千米。

我国著名的"天府之国"四川近年来由于森林减少，土地流失达5亿吨，土地流失面积占全省面积的68.5%。

目前，长江带沙量已达7亿吨，相当于黄河泥沙的一半，消息传出，国内外为之震惊。这些泥沙在长江下游淤积，造成极大的破坏。对长江蓄水有着重要调节作用的八百里洞庭湖，早期受围湖造田运动影响，容量锐减，如今又受泥沙之害，湖底已升高了2-7.5米。沿湖淤积1200多万吨泥沙，周围的沙山、沙丘达2.16亿平方米，而且以每年向前扩展4米的速度逼近南昌城下。

由于森林植物被破坏，沙漠在全球向人类发起猛攻，它把没有植被和森林的地方作为突破口，拼命争夺人类的生存空间。

目前全世界的沙化面积已达$40 \times 104$多亿平方米，而且沙漠的领地以每年600亿平方米的速度向外扩张，全世界有64个国家面临沙漠化的威胁。有史以来沙漠化已使人类损失大约$20 \times 104$亿平方米的土地，比目前全球耕种的土地还要多。不到半个世纪撒哈拉沙漠已向北延伸10亿平方米，向南推进150亿平方米，这相当于三个英国的面积。

我国情况也不容乐观，目前国内沙漠的面积为1280亿平方米，它们中约有97%是人类活动造成的，其中砍林造成的沙漠占28%，滥垦造成的沙漠占24%，过度放牧造成的占20%，水利资源利用不当，工矿建设中植被被破坏造成的沙漠占12%。

# 地球人满为患

联合国人口活动基金会经调查宣告：1987年7月11日这一天，世界人口突破了50亿大关。本世纪末将突破60亿大观。

人类有改造大自然的能力，到处都显示出人类战天斗地、移山填海的伟大力量。

可是，人类在改造自己的时候，却变得怯懦、软弱。

在旧石器时代，世界人口增长一倍需要3万年，到公元初只需1000年，到19世纪中期就缩短到150年，到了1830年，世界人口达到10亿。

以后，人口增长速度越来越快，到了1927年，世界人口增加到20亿。33年以后的1960年，达到了30亿。14年以后的1974年，达到40亿，到了1987年7月11日，世界人达到了50亿。

现在世界人口每12年增加10亿，每年增加8000万人，每分钟增加150多人。

你的心脏跳动一下，世界就增加2个人。照目前这样的增长速度持续下去，到2047年，世界人口将达到100亿，2107年人口达到200亿……

地球上的矿产资源和生物资源的供应量是有限的，科学家们经过细心估算，得出的结论并不乐观：地球以养活50亿人为最佳，养活100亿人则达到地球供养能力的极限。

可如今全球的人口已经突破70亿，正以从未有的高速度向100亿人口目标迈进……

有人按人口增长的倍数进行估算，得出的结论，令人吃惊：

1950年世界人口25亿，37年内人口翻了一番。若以35年人口翻一番估算，到公元2062年，地球整个表面平均每0.09平方米就有一人。到公元2309年，人口将爆涨到占满太阳系的8大行星（假定可以住人的话）。

800年后人口会达到每平方米120人。这么多人挤在1平方米的空间，光他们散发的热量就会把他们自己烧死。

公元3545年，如果可能的话，人口总质量将与地球质量相同？

无论采取什么样的估算法，人口增长速度都非常可怕，难怪美国有一位科学家，在1984年骇人听闻地预言：人类将在5000多年以后灭绝。

世界人口增加，需要的粮食和薪柴就要增加，为了养活这些增加的人口，人们不得不砍伐森林，开垦草地，由于土地失去绿色植物的保护，水土必然流失、退化、沙化。同时人类排出的二氧化碳得不到循环，在大气中积累造成温室效应，自然灾害的强度和频率加大。

为了提高农田产量，人类不得不大量使用化肥和农药，造成土壤和地下水的败坏。

为了满足增加人口的需要，又要大肆开采矿产资源和自然生物资源，结果是环境污染、生态系统破坏、资源桔竭。

人口增加，农村人口过剩，势必造成人口流向城市，城市人口膨胀，住房紧张，交通拥挤，学校不足，就业困难：所有这一切又导致政治不稳定，国家不安定，各国之间为争夺土地资源而大动干戈。

总之，人口增加过多是造成环境污染和生态系统破坏的主要原因。而这些原因又反过来作用于人类，使人类的生存受到极大的威胁。

埃及20世纪50年代初，人口只有2100万，1970年以前，埃及的粮食能够自给自足，而今天，它的人口已经突破5000万，粮食有一半需要进口。

根据"负担能力"来衡量，一定的生态系统，在良性循环时提供的消费量是有限的。例如一个地方能生活多少人，是由这个地区的粮食产量、能源和水资源决定的。目前一些国家的生态系统的负担量，已超过了极限值。

世界银行对7个西非国家的农业和能源研究材料说明，在1980年，这7个国家的总人口是3100万，远远超过了它们只能供应2100万人口的食物和燃料的能力，这样势必毁林开荒、围湖造田，破坏生态环境，导致自然环境的恶性循环。

1984年至1985年的大旱灾中，整个非洲有2500万人受灾，其中5岁以下的儿童约500万人，12岁以下儿童约1000万人，在饿死的近1000万人中，孩子占到700万，而活着的儿童因饥饿而骨瘦如柴，智力低下或双目失明，成为废人。据联合国估计，世界挨饿儿童逾亿，挨饿人数呈递增趋势。

我国人口13亿，除造成环境破坏外，我国人口质量也有所降低：

我国每年流失学生715万，15岁以上的文盲和半文盲2.5亿，就业人口中80%未受过初中教育。

我国有遗传疾病千余种，已有患者3000万，并以每年80至100万的速度递增。新生儿缺陷总发生率达0.128%，低智儿总出生率0.17%。全国有残疾人5000至6000万，若按世界卫生组织标准衡量，将增至1亿残疾。其它发展中国家比我国还要严重，而发达国家也不例外。

人类的历史本身就是一部与自然抗争的历史，在这场抗争中人类能够取胜，很重要的原因，就是因为人类有灵巧的双手和发达的大脑，特别是拥有用科学知识武装起来的大脑。

如今，人类虽然取得了地球的统治权，但并不意味着人类从此不会受到威胁，天下永远太平。在我们面前急需解决的是环境、能源、自然灾害等的控制问题，这些问题关系人类的生死存亡。如果我们只要人口数量，不讲人口质量，这样的人口素质能担起这样艰巨的任务吗？

# "人口爆炸"和生态平衡

在诸多的危害环境的因素中,许多人认为其中心问题是近年来出现的"人口爆炸"。

大家知道,人口问题今天已成为世界各国人民普遍关注的一个问题。特别是对于发展中国家来说,人口的剧烈增长,正在吞噬着他们从经济发展中取得的积极成果。因此为了使人口的增长能和国民经济的发展相适应,许多国家都在积极推行计划生育和控制人口的政策。

其实,人口问题不仅仅是影响经济建设的问题,从长远的利益来看,它还直接与地球自然环境的保护息息相关。

很明显,人多了,需要的生活资料也就多,于是,随之而来的环境问题也往往成倍地增长。按现在的生产力计算,每增加一个人,就要相应增加半亩耕地来满足他的生活需要。所以,随着人口的剧烈增长,就迫切要求我们努力扩大耕地面积,或者设法提高单位面积产量。

扩大耕地的结果,常常导致大片森林、草原的毁灭。那样一来,不仅加剧了自然界中二氧化碳循环的破坏,而且还加重了水土流失,土地恶化,最终导致沙漠化和红土化。有人认为,历史上美索不达米亚文明的衰落,玛雅文明的崩溃,都是由于过分开垦土地的结果。而在近代,巴西雅塔农垦区的教训也是很典型的。这里本是亚马孙盆地的一片密林,若干年前,巴西政府为了扩大耕地,用现代化的重型机械清除了森林,种上了农作物。从此以后,裸露的土地受到了热带雨水的猛烈洗刷,于是含有大量腐殖酸的水就把土壤中的硅和碱带走了,只剩下铁和铝的氧化物。不到五年的时间,这里的土层就转变成为不适宜任何作物生长的、板结的红砖壤。

提高单位面积产量虽是一个相对较好的办法，但若做法不恰当，也会同样带来严重的环境问题。例如依赖化肥和农药是造成许多严重污染的主要根源；而不适当的灌溉，也会引起土地中大量洗淋下来的盐分进入河中，使河水含盐量增高。美国加里福尼亚的英皮尔峡谷和墨西哥的灌溉农田，正面临着由于科罗拉多河下游河水中含盐量过高而成灾的局面；灌溉还会引起地下水位升高，土地盐碱化，有人认为巴比伦文明的垮台很可能与灌溉引起的盐碱化有关。改良品种也是提高单位面积产量的好办法。但是这也可能造成，由于同样种类作物的集中生产而大大削弱作物的抗病虫害的能力，使大面积灾害同时发生；品种的改良，还意味着人类食物的变更，意味着人类吸取微量元素来源的变化，其长期的后果将会怎样，现在我们还难于估计。

除了土地和食物这一问题外，人口的增长还必然带来矿物资源与水源、能源消耗的增长，这就使那些已日趋紧张的自然资源更加捉襟见肘。如在一些大城市中，有人统计每人每日的用水量达400-600升，这还不包括工业生产过程中消耗掉的水。因此，采用简单的计算就可以看到，每当世界增加一亿人口，就将增加大量淡水的消耗。

人口的增长带来的另一个问题是与地球上的其他生物争夺生存的空间。据世界自然保护联盟等组织的调查，以鸟类来说，由于人类的出现，从一百万年前到现在平均每50年有一种灭绝；但最近300年间则平均每两年有一种灭绝；从1885年到1905年则平均每年有一种灭绝。

有人推测，到本世纪末，还要有50万到100万种动植物遭受灭绝。造成这一结果的根本原因是人类对它们生存空间的侵占。

19世纪初在北美大陆上生息的旅行鸽达50亿只，但随着美洲大陆的工业化进程，以及人们的滥捕滥杀，到1914年就全部灭绝了。物种灭绝不仅引起地球生物圈面貌的改变，而更重要的是生物间的平衡遭到破坏。

如果没有鸟类，昆虫就会大量滋生，昆虫的繁殖常常以毁坏作物为前提，这又迫使人们不得不大量使用农药，造成环境的恶化。物种灭绝的另一后果是使我们失去了一种大自然提供的宝贵资源。大家知道，许多生物能提供一些我们至今还无法制造的有用物质，它们的一些奇妙功能也常常给了我们有益的启示。其实，不仅上面所述的这些显而易见的问题，其他各种已经出现的环境问题也都会由于人口的激增而加剧恶化。

许多人估计，如果人口不加以有效的控制，继续以目前的速度增长下去，那么如此多的人口，对于地球将是一个多么沉重的负担。

1980年，在世界三十个国家首都同时公布的《世界自然保护大纲》指出："由于人类活动，人口及消费量的增长，不断减少了地球维持生命的能力，并逐渐损害到人类本身的生存和繁荣。如果不建立一个新的国际经济秩序，不控制人口，不通过一项新的环境法，则人类与地球的关系就将继续恶化。"

# "上帝"的报复

地球上由于人口增加，森林植被破坏严重，大气、水体、海洋、土地被污染，使全球生态环境严重恶化，自然灾害日趋频繁，受灾面积越来越大、灾害强度越来越强。

20世纪80年代初，非洲36个国家连续3年干旱，发生特大饥荒，饿死100万人，逃荒的有1000万人，有1.7亿人遭受饥饿。印度的北方邦，大水淹没了大片土地，毁坏几十万幢房屋，受难灾民达2000万人之多。洪水吞没了巴基斯坦和孟加拉国的大片国土。猛烈的台风使摇摇欲坠的越南经济更加恶化。

欧洲大部分地区，空前多雨，英、法、波、匈、捷、德等国整个夏季阴雨连绵，造成罕见的冷夏，英国7月旬的平均温度低到13℃，是300年来最低的，欧洲南部却极为干旱和炎热，致使意大利和西班牙不断地发生森林火灾。

严重的干旱席卷了东非和南非，素有南非粮仓之称的纳塔尔，土地龟裂、庄稼死亡，旱灾使一些国家经济濒于崩溃，滚滚热浪袭击了美国南部各州，夺去了上千人的生命。几十年来最大的热带飓风，掠过加勒比海水域上空，给牙买加、海地、古巴带来严重的破坏。

墨西哥城地震、哥伦比亚火山暴发共夺去四五万人的生命。

1987年年初，前苏联亚美尼亚和中国云南接连发生了生两次7级以上地震，死伤人数近10万。5-6月，孟加拉国再遭洪水，3/4国土浸泡在洪水之中。7-8月份，持续大干旱相继袭击了非洲、美国、加拿大、希腊、中国等地，非洲大陆的干旱使农作物大面积死亡，使成千上万的人在酷暑中丧命。10—11月，特大台风光顾了亚洲、北美和加勒比海地区，并横扫了菲律宾，死亡噩耗频频传来，生者无家可归。

也许你不认为这些自然灾害都是由人的行为引起的。确实，灾害的发生有自然方面的原因，但是，灾害程度却会因人对环境破坏而增加和加剧，特别是人对森林、植被的破坏，这是世界公认的。

我国四川省曾被誉称"天府之国"，雨水充沛，可近年，由于森林过量采伐和植被破坏，四川省已有46个县的降雨量减少15—20%，不仅导致江河水量减少，而且旱灾日益加剧，过去伏旱一般三年一遇，现在变为三年两遇，旱期也由过去的15—20天，延长到四五十天。过去三年一遇的春旱变为十春八旱，有的地区春旱期长达100多天，同时暴风、冰雹灾害加重。

黑龙江省大兴安岭由于森林减少，年降雨量由过去600毫米减少到300毫米，过去罕见的春旱、伏旱近年来常有发生，过去六七级大风没见尘暴和扬沙现象，现在三四级风就沙尘飞扬。1987年的森林大火灾也与春旱分不开。

甘肃子午岭林区是陇东的水源涵养林，由于毁林开荒，林区面积减少，降雨量减少17至20毫米，湿度也大为降低，洪水含沙量增加一倍。此外森林和植被破坏，还导致地基变形，岩崩、滑坡、泥石流等灾害急剧增加。

# 大地在沉陷

1966年的一天，意大利西西里岛的滨海城市阿格坦克琴托像往常一样，人们正在愉快地生活和繁忙地工作。突然间，"轰"的一声巨响，一座拥有六个房间的屋宇坠入一个40英尺阔的深洞里。与此同时，附近的一些房屋纷纷倾倒，有的甚至崩裂。这次灾祸使得该城约有一万人无家可归。

两年后，也是在意大利，威尼斯的著名的圣马可教堂由于周围土地的不均匀沉陷，出现了崩裂的恶兆。为了拯救这个古代的建筑，市政府从荷兰等地请来了两位专家。然而，面对正在不断下沉的土地，专家们也一筹莫展。

类似的现象在世界的其他地方也有发生。据报导，1981年5月8日，美国佛罗里达州的奥兰多市某公园附近，一块像足球场那么大的地方，突然陷入了一个将近八层楼那么高的深坑里。除了佛罗里达州之外，在加利福尼亚州、宾夕法尼亚州、田纳西州、密苏里州等，也都发生过类似的，规模大小不等的地陷。据研究，引起这些地陷的原因，主要在于拼命地开采石油和抽取地下水。

同样的现象在我国的部分地区也出现过。而且除了这种有限面积的突然沉陷外，还有一种面积广阔的缓慢的沉降现象，人们称之为地面沉降。

上海是我国著名的工业城市，但是早在1921年，这里就由于大量抽汲地下水而引起了一定范围的地面沉降。随着地下水的开采量日见增多，地面沉降的范围和累积沉降量也日见增加。由于地面沉降，原来轮船可以通过的外白渡桥等，在高水位时因桥洞高度减小而变得无法通过，黄浦江和

15

吴淞江（苏州河）的江堤也不得不一再加高加固，以防止由于地面沉降、江水上涨而造成倒灌。

除此之外，一些地方还出现因地面沉降而造成的建筑物台阶开裂与破坏，埋藏于地下的管道、电缆折断和损坏，水井的井管自动上升等现象。

我国除了上海之外，长江三角洲平原上的苏州、无锡、常州以及天津、西安等地也都先后发现由于抽取地下水的缘故，而引起不同程度的范围的地面沉降。

国外，地面沉降最严重的美国加利福尼亚州的长滩市，那里由于威明顿油田的开采，形成了一个腕状的沉降带，从1926年到1961年，中心累计最大沉降量达9.6米，平均每年下沉0.27米，比喜马拉雅山的每年上升速度，有过之而无不及。墨西哥的墨西哥城，也是世界上著名的由于抽汲地下水而引起地面沉降的地区，那里从1890年到1978年中，地面下沉了9.0米。此外，日本的东京、大阪，英国的伦敦，苏联的莫斯科，意大利的威尼斯、委内瑞拉的马拉开波湖、泰国的曼谷等地，也都是世界有名的、由于人类活动而引起地面广泛下沉的地区。

有关科学家认为，抽汲地下水和开采石油之所以会引起地面沉降，主要是它使得原来充满岩石颗粒孔隙之间的水分或石油被人为地排干了，于是，岩层也像许多因失去水分而干缩的东西一样，在上部岩层和地面建筑物的共同重压下受到压缩，并表现为地面的下沉。近年来，人们采用向地下岩层回灌地面水的方法，使地面沉降得到了某种程度的控制。但随之而来的是有可能使已告匮缺的地下水资源遭到新污染的威胁，而且实践还证明，回灌只能使地面沉降得到某种程度的控制与缓和，并不能完全阻挡地面沉降的过程。因此，采取什么样的措施，才能更加有效地控制地面沉降，是地质工作者和环境保护工作者面前的一项急待解决的问题。

# 全球性"水荒"

　　早在20世纪80年代，我国海河、滦河、淮河和运河流域的许多地方，工农业严重缺水，城市人民生活也受到极大影响。随着工农业的发展，许多大城市水源不足将日益严重，成为经济发展的最大制约因素。

　　由于水源不足，我国北方的许多省市不仅工农业生产受到严重影响，还给人民生活带来许多困难。近年来，由于不断发生干旱，我国北方出现严重缺水现象，不少地方溪河断流，水井干涸，人民用水只得依靠车辆从远途运载实行定量配合。这种水荒现象，不仅在一些偏僻的山区和中小城市存在，连首都北京和天津也感受到了水荒的威胁。

　　水荒并不只出现在我国，而是一个全球性的问题。据联合国儿童救济基金组织的估计，全世界约有20亿人口苦于淡水不足，也就是说占世界人口40%以上的人在闹水荒。另外有人估计，若从分布面积来说。世界上约有60%的陆地面临缺水的问题，有43个国家为淡水供应不足而苦恼，其中包括美国、日本等一些工业发达国家。

　　为什么会出现这种水荒现象呢？水在地球上不是很多吗？

　　地球上的水的确不少，据估计，包括海洋、陆地上的河湖、极地和高山上的冰雪、地下水在内，水的总量达到14亿多立方公里，然而其中大部分是都是咸水，苦水，既不适于饮用，也不适于工农业生产的需要。我们人类和整个生物界所迫切需要的淡水，仅占水总量的2.8%。就是这些数量有限的淡水中，还有约占总水量的2%以上贮存于两极和高山上的冰雪里。剩下的不到总水量的0.7%，有的由于埋藏较深不易开采，有的由于自然蒸发和草木的吸收而消耗，加上其他一些原因，就使实际可被人们利用的淡水还不到全部水的十万分之三。

由于可利用水资源的匮乏，再加上分布上的不均匀，就使那些著名的干旱区早已存在缺水现象。例如，中东的科威特、沙特阿拉伯等国就是世界上有名的"水比油贵"的国家。然而，今天面临水荒威胁的已不仅是这些传统的干旱区，包括了那些曾经有过丰富水源地方。造成这一后果的原因，一是由于人类对淡水需求量的不断增长，二是由于水源所遭受到的污染和破坏。

现以我国最大的工商业城市上海为例。大家知道，上海位于东海之滨，濒临长江的出海口，淡水资源是比较丰富的。但是，随着工农业生产的发展，人口的增加，需水量也在迅速增加。不算从黄浦江等地表水系直接提取的淡水，仅以提取地下水形式提取的水量，假定1921年的开采量是1，而到1950年，就达到300左右，至1963年，又增至近700。由于地下水开采量的不断增长，大大超过雨雪和远处流入的地下水的补给量，因此就使原来贮存在地层中的地下水受到了明显的消耗。例如，上海西郊公园一带，1960年开凿第一口深井时，地下水位距地表10米左右，随着深井数量不断增加，地下水的开采量也越来越多，就使地下水位每年以1.5-2.0米的速度下降，目前已降至地表以下40米左右。换句话说，就是本来贮存在地层中的厚达30米左右的水体已被消耗掉。

更严重的是，来自人类活动的各种污染物还常常使整个水系的水质恶化、变质，以致变得完全不能使用。上海黄浦江本来是上海生活用水和农业用水的主要来源，但是日益严重的污染如果不进一步得到控制的话，黄浦江水有可能变得完全不适于利用。

事实上，在世界各地，不乏因水质污染而使原先的主要供水源变得完全不适使用的例子。日本中部的神奈川一带，原是日本有名的谷仓，那里土地肥沃、物产丰富，胜似我国的江南地区。但是，自从在它的上游歧埠县开设了"三井金属矿业"之后，矿场里含有大量镉的废水流进了河流，就使得那里的水源遭到污染。结果，在这里出现了轰动世界的"痛痛病"。患这种病的人常不治而死。据医生解剖，有的死者骨胳裂折现象多达72处；有的身体强烈萎缩，最多的竟缩短了32厘米。痛痛病的发现，使人们认识到，那些常年被人们饮用的河水，在未经彻底治理以前已完全不能使用。

　　同样的情况也发生在美国科罗拉多州丹佛附近的一个繁荣的农业区里。那里自建立了一个化学兵团的军需工厂以后，人们赖以生活和灌溉的井水普遍遭到多种有毒物质的污染，致使农作物枯萎，牲畜和人本身都纷纷出现奇怪的病症。后来，不得不寻找新的可用水源。

　　正是一些类似的原因，使本来已难于满足需要的水源变得更加缺乏。据估计，美国1975年的用水量是2124亿吨，预计到2000年，将需水5219亿吨。而实际能够提供的水源仅有317亿吨，差数非常大。为了弥补这一欠缺，他们只好采用两次、三次更新反复使用的办法，而这就需要消耗一定的能源和资金。我国水资源虽然比较丰富，但由于人口众多，且水源分布不均，污染问题也很严重，因此不能不引起高度的重视。

# 全国耕地"刮去一层土"

水和土，关系密切，土靠水获得生命，水靠土得安身之地。

但是，水土的关系并不总是那么融洽，水对土有时也会产生严重的破坏作用。这种情况，在我国的黄土高原表现得尤其明显。

如果你来到黄河中游的黄土高原，首先映入眼帘的便是那起伏的丘陵和纵横的沟壑。它们是黄土高原长年累月被水侵蚀的产物。

每当夏秋季节，一场暴雨，滚滚的洪流挟带着大量的泥沙，匆匆忙忙地从千沟万壑中奔泻而下，直入黄河。水把沟壑越冲越大，有的深达几十、几百米。

水冲土丢，黄土高原好像不断地在被"扒皮"，在水土流失严重的地区，每年每平方公里流失的土壤有1万吨。某些地区表面的黄土已被冲失殆尽，坚硬的岩石外露，变成了光秃秃的石山。

大自然生成1厘米厚的土壤需要几百年，而流水冲走这么多黄土却只要短短几个月甚至几天！

被流水冲走的首先是表面的熟土、肥土，其中含量有大量的氮、磷、钾肥分。水土流失其实是土地退化的一种表现形式，它使可耕地的面积越来越小，土壤日益贫瘠，加上气候干旱，黄河中游长期广种薄收，农业生产徘徊不前。

水土流失也给黄河下游带来了灾难。

黄河水黄就是因为它里面含有泥沙，平均每立方米河水含泥沙37公斤，居世界之冠；每年从黄河送进海洋的泥沙达16亿吨，也属世界第一。如果把这些泥沙堆筑成宽高各为1米的堤坝，这堤坝可环绕地球32圈半！

河水来到黄河下游，地势渐缓，流速变慢，泥沙沉积，致使河道缩窄，河床抬高。下游400公里长的河床每年抬高10厘米，现已成为一条高出地面的"悬河"，洪水一来，容易泛滥成灾。

水土流失在我国北方非常严重，近些年来在南方也日益加剧。长江流域水土流失面积30年间扩大了一倍，每年流入大海的泥沙量达24亿吨。由于泥沙淤积，洞庭湖的面积已比30年前缩小了1600多平方公里。四川、湖南、福建、江西等省的水土流失都很惊人。水土流失把地面切割得支离破碎，给土地资源和农业生产造成很大破坏。

我国水土流失面积加在一起是150万平方公里，约占国土面积的1/6；全国已有1/3的土地受到土地流失的危害。每年被冲走的泥沙超过50亿吨，相当于把全国的耕地表土刮去1厘米厚的一层！

我们已经说过，土壤是植物养料的"仓库"，流失土壤就等于流失养分。全国每年流失50亿吨土壤，相当于流失四五千万吨化肥，几乎正好等于全国一年的化肥施用量，你想想，这么多的化肥，需要花费多少的人力物力才能生产出来啊！

而且，这还不是最根本的。土壤不仅仅是化肥，化肥加土不等于土壤。再说，化肥流失了可以办厂再生产，土壤跑掉了在短时期内可"生产"不出来。据科学家计算，要形成1厘米厚的土层至少需要400年，也就是说，几个月甚至几天流失的土壤过几百年才能再生，这实际上就是一去不复返的"永久损失"了。

水土流失是一个世界性的问题，中国有，世界其他各国也有。

据粗略估计，全世界大约有1/5的土地正在失去表面的一层沃土，每年被水冲走的土壤达260亿吨。要知道，人类的食物，98%是在土地上生产出来的，土壤流失了，人到哪儿去获取食物呢？

土壤的流失不仅会使土地瘠薄，肥力下降，农业减产，而且还会淤塞河道、湖泊、港湾，缩短水库和水利设施的使用寿命，增加洪水灾害。

土壤之所以这样软弱无力，这样经不起水的冲刷，主要是因为它缺少植物保护。如果土地上长着很多植物，那水对它也就不能那样横冲直撞，为所欲为了。

　　森林和草原是土壤的"绿色保姆"。在自然情况下，受植物保护的土壤也会受到风和水的侵蚀，但是速度非常缓慢，能与土壤的形成过程基本保持平衡。正是由于人类考虑不周的活动，土地被不合理地开发利用，植被被大规模地摧残破坏，才大大加剧了风和水的侵蚀，使土壤的流失率超过土壤形成率几倍、几十倍。

　　保持水土有很多工作要做，修筑梯田啦，实行等高耕作、带状种植啦，修建谷坊、池塘啦，但是别忘了最重要最根本的一条，那就是造林种草，给尽可能多的土地披上"绿装"。

# "绿洲变沙漠" 的教训

土壤是极可珍贵的自然资源，全世界适合于农业生产的土地，包括耕地、草地、林地，加在一起也不到陆地总面积的1/3。

严重的问题是这些土地正由于种种人为的原因在不断退化。除水土流失之外，沙漠化就是一种主要的土地退化现象。

沙漠，地面都是黄澄澄的沙子，缺水干燥，植被稀少，人们总是把它同荒凉、恐怖、饥饿、死亡联系到一起。

新疆的塔克拉玛干大沙漠是我国的第一大沙漠，维吾尔语"塔克拉玛干"的意思就是"进去出不来"。1500多年前，我国东晋著名高僧法显前往天竺（今印度）时曾穿越塔克拉玛干沙漠。他描述那儿的景象是：没有水，没有飞禽走兽；一眼望不到边的沙丘像波浪一样连绵起伏，只能以倒毙在沙漠中的死人、死马的遗骸作为前进的路标；沙漠里烈日炎炎，狂风不止，飞沙走石，寸草不生，是没有生命的绝境……

全世界沙漠的总面积超过3000万平方公里，有765个瑞士那么大。

沙漠是干旱气候的产物，早在人类出现以前地球上就有沙漠。但是，除了自然因素，人在沙漠的形成和扩展方面也起了重要作用。

我国的位于内蒙古、宁夏、陕西3省区的毛乌素沙地就是一个"人造的沙漠"。人们走进这片沙漠，可以看到在茫茫的流沙之中，有一座古城的废墟，那就是历史上有名的统万城，公元5世纪时是夏国的都城。

回顾一下历史，当年的匈奴贵族发动10万民众筑城为都，自以为将统一天下，君临万邦，所以取名叫"统万"。那时统万城依山傍水，水草丰盛，景色宜人，确实是个很美的地方。只是后来由于连年战争，滥砍乱伐，过度放牧，致使植被破坏，土地荒芜，到了宋代，这里才沦为一片荒漠。

塔克拉玛干大沙漠深处同样可以找到古代城市的遗址。有些地方，比如精绝、提英、丹乌里克等地，还是古代"丝绸之路"上的重镇，它们当年是有水有田的绿洲，如今却已滴水罕见寸草不生。有名的古国楼兰也在这里，那时楼兰水草丰美，土地肥沃，城廓整齐，驴马成群，现在则流沙滚滚，人烟绝迹，成了供人凭吊的历史遗迹。

非洲的撒哈拉沙漠是世界"沙漠之王"，面积约800万平方公里，比塔克拉玛干沙漠还大20多倍，相当于非洲大陆面积的1/4，从东到西几乎占据了整个非洲的北部，横跨11个国家。

可是，撒哈拉沙漠原来却远没有这么大。1万多年以前，这里曾出现过一个短暂的湿润期，生长过雪松、榕树、槐树和柳树，还有一个被取名为"撒赫勒"的大草原。几千年前，这里的某些地方仍然是农牧业比较发达的好地方。撒哈拉沙漠北部靠地中海的地区，在罗马时代更盛极一时，被称为西方文明的发源地，尽管它们现在已经为风沙所侵占，但淹没在这个大沙漠里的一些废墟，却清楚地表明了这里曾经有过一个繁荣富饶的过去。

这就告诉我们，荒凉的沙漠和丰腴的草原之间并没有什么不可逾越的界线。有了水，沙漠上可以长起茂盛的植物，成为生机盎然的绿洲；而绿地如果没有了水和植物，也可以很快退化成为一片沙砾。

遗憾的是，从世界范围来看，绿地退化为沙漠的势头，要比把沙漠改造成绿洲的势头强劲得多了。

这样，我们就听了一个十分可怕的名字：沙漠化。这个问题直到20世纪70年代才引起人们的重视。

沙漠化并不是说一定要出现大片大片的沙漠，也不是单纯指沙丘的流动和沙漠的扩大。沙漠化说的是那些干旱或半干旱的地区，本来并不是沙漠环境，由于人们不合理的开发活动，破坏了植被，破坏了脆弱的生态平衡，使这些地区也出现了风沙活动现象。土地沙漠化以后，生物量减少，生产力下降甚至完全丧失，生态环境日益恶化，水源枯竭，粮食失收，牲畜死亡……

你看，事情就是这样，为了获得足够的粮食，不管气候、土地条件如何，随便开荒种地；为了得到更多的肉和奶，不管牧场能否产出那么多草，拼命放牧牲畜；为了解决燃料问题，不管后果如何，肆意砍树割草……干旱和半干旱的地区本来就缺水多风。现在土地遭蹂躏植被被破坏，降水量更少了，风却更大更多了。大风使劲地吹刮表土，沙子越来越多，慢慢地沙丘发育，流沙逞凶，这儿就有可能变成再也不宜放牧和耕种的沙漠化土地。

1908-1938年间，美国开垦西部草原，毁林9亿亩，多次发生大"尘暴"。特别是1934年5月的一次大尘暴，大风从西部大平原的农田里刮走了3亿吨肥土，上千万亩农田受害。大风起处，昏天黑地，纽约市区白天都得点灯。

苏联在20世纪50年代中期发起了一场垦荒运动，把好多的植被破坏了。结果如何？有些地区每到春季，飞沙走石，风暴迭起，最后不得不把开垦的荒地抛弃，实在是得不偿失！

这些年来，随着世界人口的增加，干旱、半干旱地区人类活动的加强，沙漠化速度有增无减。

印度西北部的拉贾斯坦是世界上人口最稠密的干旱地区，有一片大沙漠名叫塔尔沙漠。20世纪50年代以来，这里牧场在缩小，牲畜在增加，耕地在扩大。可结果却与他们当初的期望相反，带来的尽是灾难：草场退化，农田弃耕，风沙进逼。塔尔沙漠每年向前挺进0.8公里，有13000公顷的农田和牧场沙漠化。科学家警告说，照这样发展下去，用不了几十年，拉贾斯坦地区就会变得像月球上那样荒凉死寂。

撒哈拉地区的情况同样非常严重，由于气候越来越干燥，加上战乱不止，滥伐林木，过度放牧，烧毁植被，采用不适当的农业措施，于是风沙肆虐，田园荒芜，沙漠一天比一天扩大。在过去50年中，撒哈拉沙漠已向南扩张了65万平方公里，相当于20个比利时那么大面积的农田和牧场从地球上消失。与其说是沙漠在拼命往外推，不如说是人在把沙漠往里拉。

沙漠化带来的良田变荒漠是当前全球最严重的环境危机之一。地球上有45亿公顷的土地存在着不同程度的沙漠化问题，至少有2/3的国家和地区受到沙漠化的影响。全世界每年有500万-700万公顷具有生产能力的土地变成沙漠，有2100万公顷的耕地由于沙漠化而减产或弃耕，由此造成的农牧业产品损失达260亿美元。

这是多么惊人的数字啊！要使土地沙漠化容易，要把它恢复成良田可就难了。

但是，既然沙漠化是由人类不适当的行为造成的，那么，它也应该可以通过人类的明智行动来解决。途径很多，包括改善土地的利用方法，形成良好的农业生态系统；停止过度放牧和毁林开荒，保护绿色植被；大力营造防护林，封沙育草，固沙造林，引水拉沙……

再进一步，人们不仅要抗击沙漠的进攻，遏制沙漠化的发展，还要兴建超巨型工程，大规模调水去改造沙漠，使沙漠变成绿洲！

# 农药的功与过

据说，地球上大约有5万种真菌能使庄稼和牲畜得病，有1800种以上的杂草会给农业生产造成损失，有几万种昆虫以植物为食，其中专吃农作物的500种昆虫更是同我们争夺口粮的大敌。

人类跟这些坏蛋进行了长期的"战争"，尤其是"人虫之战"，从古到今，已经打了几千年，依然是难分难解，胜负未定。

消灭害虫的方法虽然很多，各种各样的农药是克敌制胜的主要武器。

现在，各国使用的农药大约有1200种，常用的有250种，年产量多达500万吨。全世界的粮食产量，估计有一半本来会让病虫害和杂草夺走，正是因为有了农药，才把其中的15%夺了回来。

这样看来，农药确实是帮了我们的大忙，是我们最好的朋友啦。

就拿滴滴涕来说吧，它是1938年由一位瑞士科学家穆勒发明的，第三年就被用来对付马铃薯甲虫，果然"旗开得胜"。接着，它在除虫战线上更是所向披靡，几乎所有的害虫见到它就抱头鼠窜，或者一命呜呼。滴滴涕不仅被喷洒到农田、果园里，用来消灭害虫，保护庄稼，还可以用到厨房、卧室中，作为家庭、医院等场所毒杀蚊蝇、臭虫，制止传染病蔓延的必备之品。滴滴涕如此"骁勇善战""屡建奇功"，穆勒也因此获得了1948年的诺贝尔医学奖。

紧跟滴滴涕之后，农药中的另一个佼佼者——六六六也发明出来了。接着又研制出了氯丹、七氯，狄氏剂、艾氏剂等等，形成现代农药的一大分支——有机氯农药，打破了过去无机农药近百年的一统天下。

滴滴涕问世后的头20年中是它盛极一时的"黄金时代"，它成了全世

27

界最畅销的农药，人们依靠它在人虫之战中占了上风，有人甚至以为害虫将从此"永世不得翻身了"。

可惜，好景不长，20世纪60年代以后，滴滴涕、六六六等有机氯农药的一些致命弱点暴露出来了：一方面是一些害虫慢慢地产生了抗药性，变得不再那么害怕它们，到1976年，这样的害虫已经增加到了91种；另一方面，更严重的问题是它们污染了环境，破坏了生态系统。

有机氯农药喷洒在农作物上，大部分散落到农田中，一部分被水带走，一部分就留在土壤里。这类农药有一个特点：化学性质稳定，在自然界里不容易被分解。

进到土壤里的滴滴涕，1年之后还留下80%，3年过去仍残存有一半。滴滴涕在水里的保存时间更长，分解掉一半的时间需要10到15年。

老的分解这么慢，新的又一批一批地进来，环境中的滴滴涕自然就越积越多，并且随着水到处漫游，通过食物链进入各种生物体。

滴滴涕的使用历史不过短短几十年，可是现在，无论天上地下，江河湖泊，还是花草树木、虫鱼鸟兽等生物体里，几乎到处都能找到它们的踪迹。

人们从来没有在两极地区用过滴滴涕，可是却在南极的企鹅和北极的白熊身上发现了它们；格陵兰岛上的爱斯基摩人根本不知道滴滴涕为何物，谁知滴滴涕竟也偷偷地钻进了他们的身体里。

农药污染给我们带来了意想不到的灾难。

喷洒到土壤中的滴滴涕，不仅杀死了有害的微生物，也杀死了有益的微生物，而如果没有或者缺少了这些庄稼的"炊事员"的辛勤劳动，土壤

的肥力就会大大降低。

进入水中的滴滴涕，会抑制水生植物的光合作用，损害水生动物的神经细胞，使它们的繁殖能力降低。水中滴滴涕的浓度只要超过7%，有些娇气的鱼苗就会一命呜呼。

许多益虫、鸟类也是农药的受害者。滴滴涕毒死害虫的同时也毒死益虫。鸟类吃了被滴滴涕污染的食物，生下来的是薄壳蛋，根本孵不出小鸟。科学家们曾对37个国家进行过调查，发现118种野生鸟类含有滴滴涕。有些珍贵的鸟类，比如白头鹰、隼鹰、鹈鹕、苍鹭等等，都是由于农药污染而面临绝种危险的。

若干年前，英国发生了一起1300头狐狸突然死亡的事件。事后一检查，原来是农民用农药拌种，小动物吃了拌农药的种子，狐狸又吃了小动物，于是被农药毒死了。

事实上，现在我们吃的食物很多受了农药的污染，大米、牛肉、猪肉、牛奶、鱼、蛋、水果、茶叶、蔬菜、蜂蜜之中都检查出了滴滴涕、六六六。还没有吃过饭菜的小娃娃也做不到"一尘不染"，因为婴儿吃奶，母亲的奶汁里面就含有极少量的农药呀！

滴滴涕等一类的农药能毒害人的肝脏和神经系统，抑制人体的正常生理活动。对于滴滴涕能不能致癌，现在还没有定论，但是把滴滴涕喂给小鼠吃，小鼠确实是长起肿瘤了。

一方面是很多害虫产生了抗药性，另一方面是造成了严重的环境污染，现在很多国家已经禁止生产和使用滴滴涕、六六六了。

即使滴滴涕、六六六全被禁止生产，已经生产的全被锁进仓库，它们在这个世界上也不会马上消失，而是将继续游荡若干年。再进一步，即使若干年后滴滴涕、六六六终于分解完毕，别的正在使用的农药仍然会对土壤造成污染。

当然，这倒不是说化学农药注定是我们的"敌人"。化学农药还是需要的，而且目前仍然是我们迅速有效地消灭大量害虫的手段。问题是，我们能不能找到一种两全其美的办法，即既要从虫口夺粮，又能不污染环境呢？

科学家正在为此绞尽脑汁。比如，他们想研制出一种高效、低毒、低残留的新型农药，这种农药有很高的杀死或控制害虫生长繁殖的效率，对人畜无害或者毒性很低，在土壤中残留的时间很短，进入农田完成灭虫使命以后就很快分解成无毒无害的物质。

此外，开展生物防治，以虫治虫、以菌治虫、以菌治病等等，还可以采用引诱剂、夜光灯等来捕杀害虫。有了各种各样新型的农药和技术，采取综合防治的方法，加上培育抗虫抗病力强的作物品种，我们就能在保护好环境的前提下战胜病虫害，夺取农业丰收。

# 是谁破坏了生态平衡

生物圈是经过亿万年的漫长岁月演化而成的，它是个芸芸众生、熙熙攘攘的大千世界。

生态平衡的破坏意味着生态系统的功能和结构受到损害，比如某些生物种群被毁灭，食物链断裂，系统内的物质循环和能量流动受阻，系统的结构变形乃至破坏等等。系统受损害的程度也不一样，有的只是生态平衡失调，有的生态平衡遭到了破坏，还有的生态平衡已经崩溃，生物生存发展的条件完全丧失，必须经过长时间的环境进化和有效的人为控制才能复苏。

是谁破坏了生态平衡？

影响因素很多，有自然的因素，也有人为的因素。

火山喷发、地震、海啸、洪水、干旱、泥石流、雷击火灾等等都是自然因素。

地震是一种经常发生的自然现象，估计每年可测到50万次地震，其中10万次是可以感觉到的，有1000次能造成破坏，具有强烈破坏性的大地震的次数就更少。大地震来势凶猛，专搞突然袭击，加上山崩、地裂、海啸、泥石流、滑坡以及水、火等"助纣为虐"，对自然和人类社会都会造成巨大灾难。

据统计，仅20世纪以来的近90年中间，全世界大约有130万人在地震中丧生。光人就死这么多，对环境生态造成的灾难还可小觑吗？

火山喷发是另一种可怕的自然现象。伴随着令人恐怖的轰鸣，它有时喷出火山灰，有时喷出火红的熔岩流。火山灰和熔岩流往往会埋掉整个城

31

镇和村庄。

这里我们举一个火山喷发毁灭一个生态系统，后来大自然又重建一个生态系统的故事。

1883年8月27日，印度尼西亚巽他海峡中的克拉卡托火山爆发，把面积达75平方公里的海岛炸得只剩下1/3，25立方公里的岩石被抛到空中；火山灰上升到80公里的高空，天空漆黑一片，然后散落到77万平方公里的范围内；4小时后声音传到4800公里以外的罗德里格斯岛，全球许多的地方都听到了爆炸声。

这次火山喷发使克拉卡托岛最后只剩下撒满浮石和尘埃的山巅露出水面，所有生物荡然无存。幸而离它最近的一个有生物的岛屿只有40公里，所以人们相信刚刚死去的克拉卡托岛上很快就会有生物迁来居住。

果然，火山爆发后才9个月，一位植物学家就首次发现一只蜘蛛在独自织网，尽管那岛上当时还根本没有可供捕食的生物；3年后，情况有了显著的改变，先是藻类植物开始蔓延，接着是11种蕨类植物和15种开花植物也回到岛上。再过10年，浮土已被绿色植物覆盖，小椰树沿岸生长，野生甘蔗随处可见，还出现了4种兰花。25年过去，已有263种动物来到岛上居住，其中大多是昆虫，另有16种鸟和两种爬行动物。火山爆发后不过半个世纪，整个岛屿已经欣欣向荣，生机勃勃，到处长起虽然低矮但很茂密的森林，有47种脊椎动物——大多是鸟类和蝙蝠在这里"安家落户"。

这些生物是怎么来的？有的随风飘来，有的通过海路漂浮，有的依靠虫、鸟携带，也有的动物是自己飞到岛上的。

火山喷发毁灭了一个生态系统，如今大自然又重建了一个新的生态系统。不过，这个匆匆忙忙建造出来的生态系统跟原来的生态系统不完全一样，一些土生的动植物没有回来，生物之间的关系也不太协调，比如，有几年老鼠遍地，到处啃食植物；可没过几年，又忽然影踪全无。这表明，这个岛上的生态系统还很年轻，很不成熟，因而还不能很好维持生态平衡。

破坏一个生态系统只是短短几天、几小时甚至几分钟的工夫，复苏一个生态系统却需要几年、几十年甚至几百年。而且我们还可以进一步提个问题：假如克拉卡托岛离最近的一个有生物的地方不是40公里而是几千公里，那结果又会怎么样呢？

简单的回答是，至少要过几千年全岛才会重新被植物所覆盖；至于要把所有有效的生态小环境都填满，那恐怕再用好几百万年的时间也是不够的。

不过，像地震、火山喷发等一类天灾，发生的次数和地域都很有限，尤其是上面列举的那些特大的地震和火山喷发，更是百年、千年不遇的事儿，即使如此，经过一定时间的恢复，被它们破坏的生态系统，一般也是能够得到重建的。

这就是说，如今生态平衡遭到严重的破坏，起主要作用的不是自然的因素，不是"天灾"，而是"人祸"，是人为的因素。

# 祸首是人类自己

几百万年来，人类在地球上繁衍生息，艰苦奋斗，创造了灿烂的物质和精神文明。

在远古时代，在人类历史的绝大部分时间里，人类对大自然始终是敬而远之，既崇拜，又畏惧，以为神圣不可侵犯。

大约1万年前发生的农业革命，使人类结束了靠采集和渔猎为生的野蛮时代，进入了农业文明时代。在这个时代里，人类通过耕作和畜牧从自然界获得了更多的消费品，生活水平有了很大的提高，但同时对自然界的破坏也加剧了，主要是毁林开荒、过度放牧，破坏了森林和草原，引起了水土流失和土地沙漠化。

历史上，由于农业文明发展不当，带来生态环境恶化和促使文明衰落的例子屡见不鲜。

发祥于幼发拉底河和底格里斯河流域的古巴比伦是世界四大文明古国之一，这里曾经是林木葱郁，沃野千里，文化发达，可如今却已为漫漫黄沙覆盖而销声匿迹。4000年前南亚的印度河流域气候湿润，农业发达，盛产小麦、棉花、甜瓜，想不到昔日的沃野良田如今变成了光秃秃的不毛之地。黄河流域是中华民族的摇篮，直到商代还很繁荣富庶，森林覆盖率高达50%，可现在，中华民族的这条"母亲河"已经成了世界上泥沙含量最多的河流，黄土高原林海湮灭，植被破坏，好多地方沦为千沟万壑、水土严重流失的旱原。

如果说，古代社会生产力还不太发达，人们对自然的改造能力还不够强大，给环境造成的不良后果短时间内还不很严重，那么，自从工业革命以来，我们在创造巨大物质财富和高度发达文明的同时，人类活动对环境造成的巨大损害，就一个个非常明显、非常迅速地暴露出来了。

大批的工厂兴建起来了，千千万万个代表着"经济繁荣"的烟囱喷出滚滚浓烟；沉睡在地下的矿藏被开采出来了，它们给人类社会的发展提供了物质基础；大量新的自然界里本来不存在的化合物被研制出来了，它们迅速地闯进了人们的日常生产和生活。

工业生产带来了大量的废气、废水、废渣，江湖臭水横流，地面垃圾成堆，空中烟雾弥漫。阿波罗飞船上的宇航员证实，他们在太空眺望美国，看到城市和工业区上空笼罩着厚厚的尘雾。在分辨率相当高的卫星拍摄的图片上，某些工业城市竟已消失不见！

火车、汽车、飞机等现代化交通工具给我们带来了极大的方便，但同时也给我们制造了讨嫌的噪声和大量的有害气体。各种各样的农药一方面为发展农业立下了汗马功劳，另一方面又给我们酿成了遍及全球的农药污染。电视、广播等使我们享受到现代无线电电子技术带来的恩惠，同时又使我们置身于越来越严重的电磁污染之中。

从20世纪50年代以来，世界上先后发生了多少起严重的公害事件啊！包括美国的"马诺拉烟雾事件"、英国的"伦敦烟雾事件"、日本的"水俣病事件"，以及近年发生的印度"博帕尔毒气事件"等，成千上万的平民百姓患病或中毒死亡，有些怪病是过去从来没有见过的。

在某些城市里，空气污染得实在厉害，有人竟带着防毒面具在街道上走路。水体也受到严重的污染，变黑发臭，生物绝迹。阿尔卑斯山的空气被装进"空气罐头"，格陵兰的冰雪用做"瓶装水"的原料，甚至"郊外空气"、"深山溪水"都成了商品。人们花钱购买它们，为的是能呼吸一下新鲜空气，喝上几口干净的水。

土地同人一样，需要休养生息，但是人们往往只管榨干它的"油水"，使它日益贫瘠。种种原因使世界上每年都有大片农田、草原变成不毛之地，沙漠的面积正在不断扩大。

森林是披在大地身上的"绿衣裳"，现在这件"绿衣裳"正在被成撕碎片，滥砍乱伐使森林面积急剧减少，结果是水土流失，风沙侵袭，气候失调，旱涝成灾。

青少年自然科普丛书

qingshaoniancirankepucongshu

　　乱捕滥杀以及环境污染还破坏了生态平衡，使物种灭绝的速度加快，形成的速度下降。现在每年都有很多的植物从地球上消失，由此而引起的连锁反应将会造成意想不到的后果。

　　严重的教训使人开始清醒。现在人们终于认识到，人是大自然的一部分，不能不考虑自己的行动给环境带来的影响。人类无节制的行动已经使地球几乎满目疮痍，制造这一严重环境危机的祸首恰恰是人类自己。为了解决环境危机，人们必须更新观念，处理好人与自然的关系，走新的持续发展的道路。

　　地球是太阳系中独一无二的充满生机的行星。好好地保护我们的地球吧！我们只有一个地球，地球是人类惟一的家园！

# ◎ 生态故事 ◎

植物与植物之间：动物与动物之间；动物与植物之间，动植物与微生物之间：自然和生灵之间——自然规律的"上帝"为它们造就了亿万年形成的平衡关系，由此而产生了种种有趣的故事……

# 豹与生态平衡

从保持生态平衡的角度来说，要给野兽留有一定的生存余地。豹也好，虎也好，都是依赖捕食为生。只要有野食可捕，它们就不会冒险去接近居民点。如果只教育群众不去伤害珍兽，但又让他们大力猎捕各种野生动物，使得那些豹无处觅食，到最后它迫于饥饿，仍会在夜晚溜到村边，伺机盗食家禽家畜，甚至还会伤害人，从而成为害兽。

豹究竟是不是害兽？大致可以这样说：在数量过多，以致危及人畜安全的时期和地区，它可算是一种害兽；如果数量不多，而且有利于抑制某些有害动物的过速繁殖，它反倒是一种益兽。

国外有这样一件实例：豹在东非原先是禁猎的，后来因为豹皮值钱，可以大量出口，就取消禁猎令。等到豹的数量激减后，狒狒和疣猪的数量猛增，给农牧业带来难以忍受的损失。在农民的请求之下，又恢复了对豹的禁猎令，此后狒狒和疣猪的数量渐减，终于在人、豹、狒狒、野猪之间又恢复了可以共存的自然平衡。

常常有人提起"食人虎"的情况，有没有"食人豹"？有的，但不是在我国，食人豹由于个体小，动作灵活，善于隐藏，所以在一定的场合下似乎比食人虎更为危险。

但如进一步，就会发现其实未必如此，无论多么凶的豹，它的体力都远逊于虎。最大的豹也不超过75千克重，一般地说，成年的公豹超过50-55千克的也不多，母豹很少超过35-40千克。所以，被豹袭击的人，除了软弱的妇孺之外，只要敢同它拼搏，就不一定败给它。

事实上，根据国内各地打豹的资料，有许多豹并不是用枪打的，而是一些人用刀斧棍棒打的，甚至还有赤手空拳打死豹的事例。

1982年6月报载，陕西陇县一位67岁的老太太在四个小孙儿的协助下，空手打死一只豹子，就是一个突出的实例。

豹虽然厉害，但论力气不见得比人大多少，而中国人民勇敢，善于斗争，所以在中国几乎没听说过有食人豹的存在。

在豫北有位七十几岁的老猎手，善于赤手擒豹。几十年来，给西安、郑州、洛阳、安阳、焦作等地的动物园送去活豹23只，都是他和三个儿子捕捉的。这固然比过去把豹当作害兽一概消灭的办法好得多，但也要应根据实际情况，区分利害关系，也为野外留下足够的种兽，不能把野外自然环境中的豹全部捉光。

国际自然保护组织对于豹也是非常重视的。比如，国际自然与自然资源保护联盟把东北豹定为第一级濒危动物，把华北豹定为第二级濒危动物。濒危种动物国际贸易公约也将豹和豹的一切制成品，包括毛衣、皮褥等等，都列入禁止贸易的第一类附表中，所有签约国都不许输出或输入。我国自1981年起，已成为该公约签字国之一，所以，在国内号召保护豹，也是与国际上的号召相呼应的。

# 传染病战胜不了澳洲野家兔

20世纪40年代末，澳大利亚曾"兔满为患"，不堪重负的澳大利亚人不敢怠慢，设法弄来了一些病兔。1950年，它们从英国将兔蚤引进澳洲，并进行人工繁殖，以备在干旱地区传播涎瘤炎病，因为那里没有合适的媒介物。虽然袋鼠蚤遇到机会也能跑到野家兔身上去，在它们身上也可繁殖传染，但这种机会很少，袋鼠蚤还是看中了袋鼠。

在澳大利亚一些研究所里，欧洲的兔蚤最初无论如何都不肯繁殖。但在1960年，阿基米德布里格斯有一项很惊人的发现：雌兔蚤原来只有在吸吮怀孕母兔血液之后才能产卵。在干旱季节，雄家兔已经忘记了爱情，母兔也停止生育小兔，兔蚤数量也随之急剧减少。

兔蚤一是新生到小兔身上，便全身到处乱爬，贪婪地吸吮兔血。几小时后，兔蚤便开始交配。促进这一过程的物质，看来主要含在1日龄的小兔血液里，因为当小兔长到7-8天大时，这种过程就停止了。

如果小兔出生时很弱或者是死的（冬季常常如此），在产后，兔蚤也不离开老母兔。遇到这种情况，可能母兔血液中的激素变化不大，不能刺激兔蚤离开母兔耳部，去进行繁殖。

到了1950年，"兔瘟病"终于在澳大利亚突然流行起来，并使99.8%的染病的野家兔都死了。但是到了1953年，有些得病的野家兔又复原了，专家们起初时就曾预言，这种传染病并不总能战胜这些可恶的长耳小害兽。

一年年来，有越来越多的野家兔不再感染涎瘤炎病毒了；而且得病的往往也会康复。病源体也渐渐变得更弱了，但正是这些衰减的病源品系，要比在实验室培养起来的新的更强的品系传播快得多。那些经受弱型传染病的野家兔已产生免疫力，能抵抗较强的传染病。

未来能否培养出新的、能够重新造成普通性"兔瘟病"，专家们认为没有任何把握。因此他们正大力宣传，应该寻找出新的办法来对付野家兔。例如在塔斯马尼亚，那里从来没有流行过涎瘤炎病，然而野家兔对那里的农业也不再造成危害了。这是因为通过修建栅栏和施放毒药把兔子药死了。这可给农牧业带来不少好处：因为10只野家兔吃的草，等于1头羊的食草量，可是羊的产肉量要比10只家兔的肉还要多两倍。

澳大利亚有些州严禁出售兔肉，可是另一些州却没有这种法令。结果至今还有"家兔农场主"，他们对消灭兔子的事根本不感兴趣，相反，他们是靠出售兔子赚钱的。

下列资料可以说明，自从具有纪念意义的1950年以后，患涎瘤炎传染病死亡的野家兔实际是很少的：1955-1956年度的12个月里，从澳大利亚出口2340万张兔皮，约有710万张在本国进行加工。打死1200万只野家兔出口国外，有3320万只在国内食用。总起来，每年共打死4520万只野家兔，价值6200万澳大利亚元，乍看起来，这可是一笔相当大的收入来源，其实，就野家兔对澳大利亚农牧业预算造成的亏损来讲，这笔钱只不过是小小的补偿罢了。

# 丛林"清道夫"斑鬣狗

斑鬣狗是一种大型鬣狗，体高90-126厘米，体重45-72千克。由于斑鬣狗的前肢长，后肢短，所以它的身体呈前高后低的倾斜状态，显得十分精神，浅黄色的身上布满了圆形黑斑，因此得名。

斑鬣狗分布在非洲大部分地区，其中以埃塞俄比亚最多。它们生活在热带稀树草原地带，有时也出没在沙漠地区。白天隐匿在其他动物的洞穴里，较高的草丛中，有时它们也在疏松的土质上自己挖洞隐蔽。在食物缺乏的情况下，它们白天也出来觅食。

斑鬣狗觅食总想不费吹灰之力地捡点便宜，因此它们常跟随在猎豹、狮子和家畜的后面流浪徘徊，以捡拾猎豹和狮子的"残羹剩饭"和伺机袭击弱小家畜以充饥。因此，斑鬣狗被人们称为吃腐肉的"清道夫"。

它们主要靠狮子和猎豹吃剩的肉和骨头来维持生活。但狮子对这些贪婪的"尾随者"非常讨厌，常常对这些跟踪者进行威胁，有时把它们杀死。所以，当狮子或猎豹美餐的时候，斑鬣狗也时刻警惕着，保持一定的距离，有时，斑鬣狗实在饿得不行，而进餐者又不是令其望而生畏的雄狮时，斑鬣狗也会按捺不住急切的求食心情，贸然进行抢劫。

有时金钱豹费了九牛二虎之力捕到了一只小羚羊，刚刚叼到树下，需要喘喘气再来慢慢享受刚刚捕到的美味。它在高兴之余并没有发现一只斑鬣狗已经在后面悄悄地潜近了，到了一定距离，斑鬣狗以猝不及防的动作，一下子把金钱豹的猎物夺走了。还在张口喘气的金钱豹只好眼巴巴地看着到了嘴边的佳肴被它劫走了。

斑鬣狗也并不总是甘心于吃剩食，像角马、羚羊和斑马都是它们直接猎食的对象，有时连幼狮和幼象，它们都敢于奋起攻击。同时它们也伤害家畜。斑鬣狗一般单独或成对生活，有时也组成小群，尤其是发情的时候，常常成群结帮。在追猎的时候，曾有30只一群的记载。斑鬣狗生性爱闹，并能发出各种类型的叫声，这些叫声差不多都非常奇特，令人毛骨悚然。

斑鬣狗的嗅觉极其灵敏，视觉和听觉也很发达。但在它们大部分活动中，常以嗅觉进行联系。

斑鬣狗的前白齿特别粗壮，咬肌也非常发达，很适合于咬碎骨头。所以，其他动物不爱吃的或者咬不动的坚硬食物，"清道夫"都可以打扫得一干二净，寸骨不剩。

# 跟着大象受益的动植物

　　跟着大象，不少动物找到了食物。大象总喜欢掀倒树木，大嚼一番，之后，它的"残羹剩饭"成了羚羊、犀牛等小野兽们的食物，白蚁也爬上树干进行残食，而白蚁是土肠、穿山甲等动物的食物。

　　象因为有敏锐的嗅觉，能嗅出干涸河床下流动的水。所以，每到旱季，那些肉食动物，爬虫类动物便跟在大象后面寻找水源。大象找到水后，用脚和鼻子刨开沙土，打出井，这样大象可以痛痛快快地喝上水，而它后面的动物们也跟着沾光了。

　　象的食量惊人，破坏性也很大，它们吃食物时，喜欢将树木连根拔起。于是树木枯死，再也长不出枝叶。当一片树林毁坏后，它们又走向另一片林区。大象也许没想到，它们这样做不仅对植物造成了破坏，而且因食物的减少，它们自己也将面临死亡的威胁。

　　然而，大自然有它自身的发展规律。如果从另一个角度来看，大象是在帮助树木更好地生长。在大森林中，大象可以开辟一块块的空地。森林深处，枝繁叶茂，遮天蔽日，反而影响植物的光和作用，不利于植物生长。而大象拔倒了许多大树，使阳光能射入林床，这样促进植物的新陈代谢，植物才会生长得更茁壮。

　　象也会使生物界发生变化，因为它在食光了一个地方的植物后，造成其它动物无食物可吃，只好迁移别处。

　　因为生物界的一些变化是十分必要的，所以大象对生物界还是有一定贡献的。

# 夜蛾与线兰的"共生"

　　所谓"共生"，就是彼此依赖，相互依存。在自然界里，有大量的共生现象存在。比如，蚜虫被蚂蚁保护，而蚂蚁吃蚜虫分泌的甜液，它们两者的彼此依赖的关系，生物学家称其为"共生"。

　　不仅动物和动物之间存在着共生，植物和植物之间、动物和植物之间也都存在着共生现象。比如，我们现在要说的"夜蛾与线兰"。夜蛾自然是一种昆虫，线兰则是一种植物。

　　在一个温暖潮湿的夜间，当线兰伸出长长的芳香的白花絮时，雌夜蛾便钻进了一朵钟形的小花里，把产卵管插入子房，产几粒小卵。两三天后，卵便孵化出了小幼虫，它就是夜蛾幼虫。刚刚出生的夜蛾吃子房的胚珠，不用担心线兰的胚珠都被夜蛾吃了而不能传种接代。夜蛾只吃一部分胚珠，还会给线兰留下一点儿的。

　　夜蛾幼虫长大后离开子房，由特殊的腺体分泌的细丝把它送到地上，在地上化蛹。一年以后，当线兰又开花时，蛹羽化成蛾，雌蛾又急忙把自己的后代托付给线兰花了。

　　夜蛾钻入第一朵线兰花里，采集花粉，将花粉滚成球，花粉球几乎比它的头大两倍。然后，夜蛾用长吸管把花粉球挤压在"下巴"上，然后飞到另一棵线兰的花上。来到第二朵线兰花里后，夜蛾首先产卵，然后从雌蕊的花柱上爬到柱头上，用小腿紧紧抱住花柱，用头把带来的花粉团顶到柱头的小窝里去。

夜蛾利用线兰花产卵、孵化，线兰花则利用夜蛾为它传播花粉，这就是它们的"共生"。

# "蝉向蚂蚁借粮"

法国作家拉·封登有一则寓言故事：

严冬来到时，蝉没有吃的，就跑到邻居蚂蚁家借粮，蚂蚁不理睬它，说："您过去一直唱歌！我很高兴，那么现在，您就跳舞去吧。"

这段故事是拉·封登根据古希腊传说编写的，除了哲理外，从自然科学角度看，并不真实。

昆虫学家法布尔说，蝉与蚁确实有关系，但这关系同寓言所说的正相反：

蝉从不靠别人的帮助生活，从不到蚂蚁门前乞食，相反是蚂蚁受饥饿所迫，向这位歌手求乞。

法布尔并不认为蚂蚁和蝉之间存在着互利互惠的共生关系，而是蚂蚁经常肆无忌惮地进行抢劫，而甘愿与"抢劫者"分享收获的勤劳生产者则是蝉。

然而，伦敦帝国学院的卡特琳·布利斯朵却发现蚂蚁在与角蝉的共生中，是角蝉占了便宜。

一般情况下，角蝉总是在它们产的蛹周围逗留，以防止食虫昆虫的侵犯，但若有蚂蚁来访，它就会把幼虫托付给蚂蚁来照看，自己则可以放心大胆地到别处去筑巢。

卡特琳挑选了一些有角蝉聚居的植物，然后在一些植物的根部用粘性障碍物把蚂蚁隔开。她对作了记号的雌角蝉的活动观察了一个夏天后发现，在没有蚂蚁的地带，雌角蝉把卵孵出来后隔32.2天才离开幼虫，而在周围有蚂蚁的地方，雌角蝉孵卵后隔了5.9天就离开了。

蚂蚁吃蝉翼，而蝉卵又受到蚂蚁的保护。这就是它们两者的真正关系。

# 蜘蛛与花合谋"吃"人

我们前面讲到过，大多数蜘蛛是有益于人类的，只有少数蜘蛛是有毒的。即使是这些毒蜘蛛，也不会主动伤害人类，只有在受到侵扰时，才会出于自卫而危害人类。

但是在南美洲的亚马孙河流域，却有着一种令人毛骨悚然的蜘蛛——它会与花合谋吃人。

在亚马孙河流域的森林和沼泽地带，生长着一种花，叫日轮花。这种花色泽鲜艳，形状美丽，又具有浓郁的香味，很能将一些不明真相的人招引到身边。这种花可以说是死亡之花，它凭借美丽的外表和浓郁的香味吸引人，一旦人们真的去触动它的花或叶，那么就会走向无情的死亡。

我们来看一幅场景：一个游客对着日轮花发出惊叹："啊！多美的花朵！"他伸出手去，想采摘一朵。他的手刚刚触及花茎，日轮花长长的枝叶便卷了过来，将他拖倒在地。他挣扎着，可是这些枝叶是那么的柔韧，他根本无法逃脱。这时，从日轮花下面，爬出了许多蜘蛛，它们一拥而上，爬满了这个人的全身，向他注射毒液和消化酶，不停地吮吸着。一会儿，这个人就被吞噬了，只剩下空空的骨架子，真是令人惨不忍睹。蜘蛛们吃得饱饱的，又爬到日轮花下躲藏起来，等待下一个猎物。

这些蜘蛛怎么会和日轮花合谋吃人的呢？原来它们之间实行的是互惠互利的政策。日轮花把人拖倒，给蜘蛛提供美餐，并不是无偿的奉献。蜘蛛生活在日轮花下，它们平日的排泄物，是日轮花很好的肥料。蜘蛛吃人不会让人尸骨无存，总会留下骨头和一些残余的肉，这些东西在温暖潮湿的环境里，很快就会腐烂，正好又"化作春泥更护花"了。

蜘蛛与日轮花合谋吃人，双方都有很大的益处，这样的好事，它们何乐而不为呢？至于它们是在何时，又是如何结成这种默契的相互合作关系，人们还难以作出一个准确的回答。

# 植物不欢迎蚂蚁"做媒"

我们都知道，动物繁殖后代必须依靠雄性和雌性，只有雄性，或者只有雌性都不能繁衍后代。植物也是一样的，它们要繁殖后代，必须将植物雄蕊的花粉传到雌蕊的柱头上，花粉授精后，植物就可繁殖后代了，但植物不像动物那样能跑能跳，植物雄蕊的花粉如何传到雌蕊的柱头上呢？这就需要动物来帮忙了。

为植物传授花粉的主要"功臣"要算是蜜蜂和蝴蝶了，绽开的花朵中能分泌出甜汁，蜜蜂、蝴蝶前来采集花蜜的同时，也为植物传授了花粉。

蚂蚁有时也会爬到花蕊里吸食花蜜，同样也为植物传授了花粉，但是，它却并不受植物欢迎。自然界有几万种植物必须依靠昆虫传授花粉，而依靠蚂蚁传授花粉的植物很少很少。不仅如此，甚至还有不少植物在进化中逐渐形成了一种专门防止蚂蚁接触花粉的构造。

植物为什么不欢迎蚂蚁呢？生物学家在研究后发现，蚂蚁的后脑腺会分泌出一种化学物质。对于蚂蚁来说，这种化学物质是极有用的，因为它具有杀死致病的真菌细菌的作用，可使蚂蚁免受细菌感染。但对于植物来说，这种化学物质是极为不利的，因为它会使花粉的授精活力大大降低，从而严重影响了植物的繁殖。

生物学家做过一次试验，同时拿被蚂蚁接触过的花粉与没有被蚂蚁接触过的花粉给植物授精，结果发现，接触过蚂蚁的花粉授精活力比没有接触蚂蚁的花粉授精活力下降百分之二十。

花粉授精活力降低，就会使植物后代发育不良甚至绝种。所以，蚂蚁不受植物的欢迎。

# 尼罗鳄与河马不相容

1953年，一个名叫巴卡的非洲土著人，在坦桑尼亚看到一只小河马和尼罗鳄的一段奇遇。

在坦桑尼亚中部的大河——鲁菲季河里，栖息着许多河马。

有一天，在以母河马为中心的一群河马旁边，有一条3米长的鳄鱼在岸边晒太阳。当时，母河马在河里构筑养育场，这是母河马和小河马在水里休息的场所。其中一只小河马，从河马群中跑出来，竟顽皮地骑到鳄鱼的背上。鳄鱼于是立即跳进河里，远离河马而去。

不过，河马和鳄鱼并不总是这样相安无事的。

在非洲大陆的河流和沼泽地里，河马和鳄鱼在生存空间方面，斗争得十分激烈。这两种动物，经常出现在同一条河或同一片沼泽地区。而河马又经常喜欢在鳄鱼的栖息地，构筑养育场。几十年前，在肯尼亚的塔纳河，人们经常可以看到河马群和大鳄鱼，同在仅相距几米远的地方晒太阳的情景。

有人仅根据这一现象，就认为河马和鳄鱼是能和平共处，相安无事的。其实，实际情况恰恰相反。

成年公河马一般体重高达三四吨，锋利的牙齿长达64.5厘米。面对着这样一个庞然大物，凶猛的鳄鱼却常常不是它的对手。一位生物学家曾经在维多利亚的尼罗河河岸上，看到过一条被河马咬成两断，已经死掉的鳄鱼。

在对很多鳄鱼的胃加以解剖后发现，在大鳄鱼的胃中，也常有河马的尸骸。

鳄鱼时常伺机吃掉河马，河马则经常捣毁、侵占鳄鱼的巢穴。

由此可见，这两类常常相居一处的动物，又常常是相互争斗的。

# 狼越打越少了

狼的食量很大，一次能吞吃十几千克肉，吃的食物很杂，主要捕猎较小的或病弱的动物，如野兔、水獭等，还有家禽家畜，有时也袭击大动物。

野兔也是机智灵敏的动物，奔跑的速度，狼是望尘莫及的。狼既然速度不够，它就用接力赛跑的方法。第一只狼看到野兔，就尾随着猛追，另一只趁机走近路，包抄到前面，野兔还没停蹄休息，又同另一只狼遇上了，一个再逃，一个紧追不舍。它们轮流合作，使野兔精疲力竭，最后被逮住啦。

冬天，小动物就躲藏起来了。驼鹿和驯鹿也成了狼群捕猎的对象。它们十几头一群，排成纵队觅食。一发现单身驼鹿，它们就立即散开，由大狼率领，发动进攻。

有趣的是，狼有时也同其他动物合作捕猎食物。阿拉斯加的幼狼在学习捕猎时，听从北极狗的指挥，偷偷潜近孤单、病弱的驯鹿边，然后群起攻击，咬破喉管，扯断脚筋，一起分享美餐。

狼是自然的清道夫，有助于保护生态平衡。美国的狼越来越少了，政府和有关团体对它采取了保护措施。在苏联，1968年，狼从20万只消灭到18000只，后来就不再打狼了，谁知事隔10年，就增加到了10万只以上，狼祸再起。它们潜进栏圈，咬死了几千头牛羊；并且闯进住宅，把枕头和地毯撕得粉碎，还发生几十起伤人事件。政府不得不悬赏打狼，甚至组成打狼队，用直升飞机对狼发动空袭。

而现在，世界各地的狼又越来越少了，几乎到了要求人类"保护"的境地。

# 袋獾也是大自然 "清道夫"

在澳大利亚的塔斯马尼亚岛，牧场的工作人员把袋獾看作恶鬼。这是因为，袋獾吃羊的缘故。

对袋獾加以实际考察，的确会发现，袋獾不仅吃羊，而且，甚至连骨头都贪婪地吃掉。

袋獾的样子像熊，头短、颈健、齿尖、肌肉发达、触毛四翘，形成一副狰狞的恶鬼模样。一旦发怒，就发出嗯嗯的叫声，张开强有力的下巴，甚至能够咬碎很粗的骨头。袋獾体长60-90厘米，尾长30厘米，体重5-9千克。

袋獾的行动也很凶猛，见到野兽，只要能咬死的，就全部咬死吃掉。据说，从动物里逃出的一只袋獾，曾经在两个晚上咬死了54只鸡，6只鹅，一只信天翁和一只猫。据说，袋獾还能把铅笔粗细的铁棍咬弯，被套住时它能咬断自己的爪子而逃跑。

袋獾现在只生活在塔斯马尼亚岛，是大型有袋类动物。袋獾也吃小型与中型袋鼠、毛鼻袋熊（与獾相似的有袋类）、羊鹦鹉、鹌鹑以及青蛙、螯虾、毒蛇等，凡是动物，不管什么都吃。有时，甚至把长块橡胶等也吞下肚去。从这些情况看，可以认为，袋獾不仅暴躁，而且贪食。

然而，专家们在塔斯马尼亚岛作了认真调查后发现袋獾的"凶恶"，被大大夸张了。

在这次调查中，发现袋獾很容易饲养，而且很快就能驯服，成为讨人喜爱的动物。在袋獾吃食时，即使抚摸它，它也不反抗。其他的肉食动物，在吃食时，一摸它，就不耐烦，然而袋獾却不以为然，比人们想象的老实得多，这也许是因为一吃起食物来，它就什么也顾不上了。袋獾确实是一个贪食的大肚汉，母袋獾甚至同自己的小崽争食。

袋獾的食性像鬣狗。用强有力的下巴吃骨头和咬断自己腿的习性，也同鬣狗一样。

经过仔细调查才搞清，袋獾吃的大型动物的肚子里都有蛆。这些大型动物，不是袋獾猎获的，袋獾吃的是死尸。

让饲养的袋獾捕老鼠，就会发现，它们一般都很笨，有的稍微灵巧一点，但要捕食一只老鼠，也是相当困难的，行动显得蠢笨。有一只袋獾，赶上了一只老鼠，但还没等合上嘴，就跑到老鼠前面去了。另一个例子是，在兽栏里放了一只兔子，让袋獾吃，但袋獾却捕捉不住。现在得知，袋獾捉昆虫和爬虫类是灵巧的，但它毕竟不是经常以羊和小袋鼠等为食物的精明猎人。它的体形不适于捕食动物，只适于吃死尸。对于大自然来说，它起到了"清道夫"的作用。

过去人们饲养的袋獾，性情变得暴躁，大概是因为饲养方法不得当。不用说袋獾，就是狗，饲养方法不得当，也会使它变得暴躁起来。袋獾食量大，不管是不是死尸，什么都吃，因此，留下了吃羊的坏名声。

# 袋鼠同绵羊争夺牧场

大赤袋鼠为了在繁殖下一代上保持优势，有3/4以上母兽的育儿袋里有幼仔。其中20%是正在吃奶的幼兽，并且在每只母兽身旁还有一只能独立活动的大仔兽。另外，有几乎60-70%的母兽育儿袋里有一幼仔，子宫里还有一个胚胎。这是袋鼠在进行生存斗争中形成的一种绝妙的适应手段，很合适与那些被人们想方设法进行繁殖的数以百万计的羊群争夺牧场。

年长的仔兽能独立生活时，母兽体内"封存"的胚胎便进一步发育。四周后即到"成熟"。母兽用不着临时寻找配偶去交配，便能又生下一个幼仔——困难的时候要求有果敢的行动，可不能耽误一点儿时间……

绵羊繁殖的速度比袋鼠快，因为绵羊一胎能产多只而袋鼠一胎只产一只。但是在干旱季节和食物贫乏时，袋鼠则立即加紧"封存贮备"；而在同样条件下，所有小羊羔都难以抵抗饥饿对它们的威胁，活活饿死。而挺过灾难一年多以后才能生出新的后代。

在澳大利亚西北部的皮尔巴拉地区，几十年来，绵羊总头数减少了一半，曾拥有800万只绵羊的十几个大型牧场只好停办。由于大山袋鼠的繁殖太多，食物都被它们吃光了，人们便开始想尽办法用毒饵去消灭它们。有一占地14平方公里的牧场，在1930-1935年间，共毒死9万只山袋鼠。另一个占地10平方公里的牧场，饲养了4000只绵羊，但由于牧草质量太差，体弱的绵羊都停止生羔了。然而栖息在这一地区的6万只山袋鼠则安然不断地繁殖着后代。

在澳大利亚西北部地区，过去从来没有这么多的大袋鼠。当地的土著居民不断狩猎大袋鼠，它们是当地人的主要肉食来源。那些曾在这一地区奔波的来自欧洲的近3000名的采金者，他们也是猎食袋鼠的人。

为了最终弄清楚袋鼠迅速繁殖的原因，西澳大利亚当局决定在这一地区买下两处大畜牧场，从1955年起，生物学家埃·伊利在这里用5年时间进行实验。

这一地区气温最高可达50℃，年降水量不超过25-30厘米。对这种条件适应最好的是带刺的禾本科植物。这是一种没有食用价值的植物。这种植物在这里的植被中占优势。在绵羊和袋鼠之间，为争夺饲草进行着殊死的斗争。

单单为了维持生命，绵羊需要吃含有不少于6.5%的干草饲料；为了繁育后代和产毛，它们则需要更好的饲草。可是袋鼠喝水很少或不喝水，吸收植物蛋白的能力也比绵羊强得多。除此之外，牧场主赶羊去剪羊毛时，习惯于把牧场的干草烧掉，他们没有想到，和干草一起成熟的草籽也给烧掉了。也就是说，他们自己使植被越来越贫乏。年复一年地在同一个地区放牧，不让这里的植被轮休，而且牧主们还在不断扩大不宜于作牧场的面积，而这也使袋鼠在同绵羊的竞争中占优势。

# 红嘴鸥与秋沙鸭联合捕食

红嘴鸥会飞翔，但不会潜水，它的视力非常敏锐，能在高空洞穿水下。

秋沙鸭不会飞翔，但却是潜水能手。

红嘴鸥和秋沙鸭各有长处，又各有弱处，故而两者经常联手共同捕捉鱼儿。

红嘴鸥在半空飞翔，眼睛却紧盯着水面，一旦发现水下有食物时，立即成群结队聚集在这一水域，频频振翅，并发出尖利的叫声。

正在不远处游荡的秋沙鸭听到了红嘴鸥的呼唤，立即急速游过来，然后潜入水下。不一会儿，只见它们个个嘴里叼着一条鱼浮上水面。

焦急等待的红嘴鸥见状，立即俯冲下去，从秋沙鸭的嘴里衔过小鱼，飞向一边享用去了。

短短几分钟后，水面恢复了平静。红嘴鸥重新在半空盘旋，寻找新的猎物。秋沙鸭重新在水面上游荡，等着红嘴鸥的呼唤。

# 海鸥帮忙灭蝗灾

早在19世纪中叶，海鸥那洁白的羽毛曾经一度成为欧美中上流社会那些贵妇小姐们帽子上的饰物。为了得到海鸥毛，人们不惜大量残杀海鸥，使海鸥的数量急剧下降。

美国波士顿生物研究所的几名女研究员，出于保护动物的强烈责任心，联名向社会呼吁保护海鸥。这一倡议得到各界妇女的大力支持，美国马萨诸塞州立即成立了一个保护海鸥的协会。

从此，妇女小姐们再也不以头上插着海鸥毛为荣了。

海鸥不是记仇的动物，人们一旦表现出对它的爱护来，它们很快就将以前的事忘了个一干二净，反而很快成为人们的忠实朋友，并在人们遭遇困难时，及时伸出援助之手。

不久，美国人在开发西部犹他州圣地亚哥时，遇到了特大蝗灾。面对密密麻麻疯狂吞食农作物的蝗虫，美国人一筹莫展。很快，粮食没有了，粮田被毁灭了，无数百姓面临着饿死的危险。

就在这时，海鸥来了。它们浩浩荡荡地从海上飞来，将猖狂的蝗虫一扫而光。当地百姓获救了，海鸥们心满意足地飞走了。

为了感激海鸥的"救命之恩"，圣地亚哥的百姓特地在市中心建立了一座海鸥纪念碑。

# 大熊猫处于灭绝境地

大熊猫经过漫长的岁月发展至今，目前的处境如何？今后发展趋势是怎样？这都是急待中外科学家探索和解决的问题。

纵观大熊猫发展历史，目前处境不妙。据我国著名大熊猫专家胡锦矗教授统计，如今大熊猫只在青藏高原东缘呈块状分布。由于其分布狭窄数量稀少，总的来看大熊猫处于濒临灭绝的境地。究其原因，我们认为主要是大熊猫经长期发展所具有的自身特点和外界因素两方面造成的。

从大熊猫发展史来看，它经过几百万年发展至今，体型经历了"小—大—小"三个阶段。距今300万年左右的更新世早、中期，我国江南一带由于生长着大片竹林，为大熊猫提供了丰富的食物，经过许多世代的发展其体型逐渐增大，最后形成最大体型的大熊猫巴氏亚种。

到了距今一万年的全新纪，特别是新石器时代，原始农业开始出现并迅速发展，人类大面积砍伐森林开垦土地，活动范围不断扩大，极大地破坏了大熊猫的生存环境和食物基地。加之分布区域相互分割，近亲交配进一步加速了大熊猫遗传衰竭，于是其体型逐渐缩小。到现在，现存大熊猫体型较大熊猫巴氏亚种约小了八到九分之一。

根据我国著名古生物学家裴文中教授的理论，在每一古生物的分支中，都是从小体型开始，以后体型逐渐增大．等到最大体型再缩小，这一分支便绝灭了。目前，大熊猫正处在体型由大到小的阶段，即衰亡的必然。

不过，目前大熊猫人工饲养繁殖和野外种群生态学研究取得了可喜的成果，透出了大熊猫美好前景的一线曙光。

在野生状态下，学者们通过对大熊猫生命表的研究得知，大熊猫的净生殖率为1.0672。这说明只要保护好大熊猫生存环境，其种群数量就有可能增长。另外，我国著名兽类学家夏武平教授和大熊猫专家胡锦矗教授认为只要环境不受破坏，食物又很丰富，此种群就将增长。

# 青海湖上的鸟岛

我国青海湖上有一个鸟岛。鸟岛的总面积不大，全长500米，宽150米。不大的鸟岛每年春天都挤满了小鸟，它们当中有百灵、斑头雁、鱼鸥、棕鸥、鸬鹚等等。据不完全统计，每年进岛的鸟儿总数在10万只以上。这个时候，如果它们集体高飞，真是遮天蔽日，景象十分壮观。

初夏时节，你如果有幸去鸟岛，你一定会惊得目瞪口呆。只见满岛都是鸟蛋，各种各样颜色，有海蓝色的、灰褐色、桔红色的、白色；各种各样的形状，有椭圆的、圆的；大的足有半斤重，小的只有枣核大。

密集的鸟蛋铺满鸟岛的每一寸土地，根本别想在其中插足。

每只鸟都十分珍爱鸟蛋，它们像我们人类平时保护眼睛一样严密保护着它们的"后代"。夜里，无论天气多么恶劣，它们一定有专门的"警卫"负责看管鸟蛋，以防"不法分子"前来偷盗。

据说有一次，岸上的一只狐狸动了"邪念"，它太想吃岛上的鸟蛋了。于是乘着夜黑鸟静之时，偷偷跳上流动的冰块，然后用尾巴当桨，划到岛边。然而，它的行动很快就被警惕的鸟"警卫"发现了，它立即长鸣报警，引来无数只鸟。

这些被激怒的鸟儿群起而攻之，不仅围在狐狸身边边叫边扑扇着翅膀，而且还有一群鸟儿在狐狸的上空，对准狐狸又撒尿、又拉屎，更有鸟儿干脆冲到狐狸身上，用嘴啄、用爪抓。

这只可怜的狐狸只是一时贪吃，却不想因此就丧了命。

63

# 美国美洲鹤自然保护区

　　新墨西哥州是美国西南部的一个农牧业生产基地，布斯克德尔爱伯茨国家野生动物保护区，就位于该州阿尔布开克市以南的农牧区。这儿气候温热干燥，很少看到河流纵横的水域。在这样的生态环境中，水禽保护区是怎样建立起来的呢？

　　这个野生动物保护区是为拯救世界最濒危的鹤类——美洲鹤而建立的，这里是它们的越冬地。过去，这一带曾有不少适宜美洲鹤越冬的生态环境，但由于开垦农田、经营牧场，这里的湿地面积日益缩小，环境恶化，使在这里越冬的美洲鹤数量不断减少，总数已不足30只，成了濒临绝灭的物种。这种情况引起了公众和生物学家、鸟类保护者极大的关注。野生动物管理局对此十分重视，1939年，该局出资购买了这里2.2万公顷的土地，建立了这个保护区。

　　经过40多年的经营，这里逐步恢复了原来的自然面貌。他们从卡巴劳水库引来清澈的水流，一条人工河渠南北纵贯保护区，一个面积近千公顷的人工湖水面宽广，水草丛生，成了水禽栖息的良好环境。

　　美洲鹤和加拿大鹤是美国仅有的两种鹤。在越冬地，这两种鹤相处得很好。白天它们在一起觅食，互相谦让从不争食，夜晚它们又一起飞到湿地草丛中休息。这种现象引起科学家们的兴趣，试图开展加拿大鹤代为美洲鹤孵卵育雏的试验，如能取得成功，对发展目前仅有140只种群的美洲鹤来说，无疑将起到积极的作用。

　　美洲鹤和加拿大鹤都在保护区越冬。加拿大鹤数量较多，而美洲鹤的数量却非常少。当时总数只有140只，因此，美国和加拿大都十分重视对美洲鹤的保护和研究。

为了保护和拯救美洲鹤，合理利用其它水禽资源，保护区在采取严格的科学管理措施前提下，组织开展一年两次的狩猎活动，其目的是控制雪雁和加拿大雁的种群数量，合理利用资源，增加保护区的收入。参加狩猎者，必须进行申请和考核，领取狩猎证，除缴纳规定的费用外，还必须购买一枚面值为7.5美元的募捐邮票。

保护区首先为二种鹤划出绝对保护区，以防止狩猎中对它们误伤。

狩猎是许多美国人喜爱的活动，美国的野生动物保护管理工作已经把保护和合理利用资源有效地结合起来，这个保护区就是一个典型的例子，既保护了濒危的美洲鹤，又合理利用了种群数量大的雁类资源。

# 澳大利亚"考拉"公园

　　风光宜人的澳大利亚"考拉"公园位于悉尼西北，建于1930年，原是澳大利亚设在新南威尔士州最早的树袋熊禁猎区（动物自然保护区）。

　　树袋熊在澳大利亚俗称"考拉熊"，但它并非熊科动物，而是属于哺乳纲、有袋目、袋貂科。它身体肥胖，毛灰色，无尾，成年个体长70—80厘米，通常在树上活动和睡觉，以桉树叶为食。因从多汁的树叶和露水中已经获得足够的水分，所以很少下到地上去饮水，澳大利亚人把树袋熊叫做"考拉"，土语的意思就是"不喝水"。

　　公园内设有一所特殊的学校，少年儿童常在这里和大袋鼠、鸸鹋等动物一起玩耍，喂它们食物，观察和学习公园里的动植物标本。教师常常带领学生在公园里进行课外活动，增长生物学知识。

　　公园另外一处园地还有袋熊。长约1米，与树袋熊是两种不同的动物。

　　公园内有穿戴黄色连衣裙、绿色外套和绿色帽子的服务员，她们向游人们介绍关于澳大利亚动物和有袋类的情况。

　　树袋熊的神态很招人喜爱。在澳大利亚旅游，常可见到以树袋熊图案制成的玩具和装饰品，很像中国的大熊猫，在电视节目和广告中也每天与观众见面。

　　树袋熊从来不群居，单独生活在树上，但母兽和它出生的小兽在一起。它们的进食时间是在太阳落山以后两小时，食量很大，通常每天要吃1千克左右的树叶，它有约2米长的盲肠，故有特殊的消化能力适应吃进去的大量树叶。

它的另一特点是两趾与其他三趾对生，能紧紧抓住树枝在树上活动，并能从一个树枝横跳至几米外的另一树枝上。

根据"考拉"公园的经验，树袋熊每年都能繁殖，一般在夏季交配，每产1仔，怀孕期为35天，出生的小仔全身光裸，仅20毫米长，36克重，挣扎着钻入母兽的育儿袋中，在那里生活6个月。

育儿袋是向下方斜向开口，所以出生的小仔比较容易钻进去。当小树袋熊出袋以后，母兽与它形影不离，常背着小兽一同在树上生活，甚至小兽长到和母兽差不多大时还搂着母兽撒娇呢！

树袋熊能保存至今，也不是一帆风顺的。澳大利亚殖民初期，树袋熊的数量很多。由于欧洲殖民者为获取它那厚密而美丽的毛皮，在大约100年之内，进行大量猎杀，使树袋熊几濒绝灭，直到1927年才开始重视保护这种珍贵的动物。但近些年有一种传染病在树袋熊中传播，导致一些种群的死亡。

"考拉"公园的研究人员对树袋熊的生活、繁殖、生理、病理、医护、饲养管理作了大量工作，积累了丰富的经验，对保存和繁育树袋熊作出很大的贡献。

# ◎ 生物与环保 ◎

当人类因破坏了自然界的生态平衡受到大自然的惩罚之后，开始变得聪明起来，开始学会怎样保护自然，与自然界的生物"和平共处"，取得新的生态平衡……

# 浑沌开窍的故事

　　战国时期，著名的哲学家庄周（约公元前369-前286年），在他著作中留下这样的一则故事。他说，远古的时候，有一个统治南海的皇帝叫倏，和另一个统治北海的皇帝叫忽的，友谊很深，来往密切。但是，他们中间却隔着一片领土，管理这片中央领土的皇帝名叫浑沌。他们每次来去，都必定要经过浑沌的领地。浑沌对他们也很友好。这使倏和忽非常感激。倏和忽觉得应该好好酬谢浑沌。他们看见浑沌没有七窍，不能和别人一样视、听、闻、食，就决定给浑沌开上七窍，让他也和大家一样有眼、耳、鼻、嘴，也可以瞧瞧、听听、闻闻和吃东西。倏和忽认为这是他们报答浑沌盛情的最好办法。

　　于是，他们也不征求浑沌的意见，就一个手拿大凿，一个抡起大锤，在浑沌身上凿起来。工作进行得很顺利，每天能开一个窍。然而到了第七天，当工程接近完工时，浑沌却七窍流血而死去。

　　"浑沌开窍"这个故事，反映了庄子强调事物自生自化的思想，他主张任凭事物自生自灭，不要妄加干预。在这篇寓言中，庄子就表达了这样的思想。本来，浑沌虽然没有眼、耳、鼻和嘴，但他却好端端地当中央领地的皇帝。倏和忽满怀一片好心帮他凿开七窍，却造成了事与愿违的结局。如果我们还考虑到，古人曾用"浑沌"两字代表天地的茫茫世界，那么我们还可以进一步认为，这个故事中的浑沌，似有暗指大自然的含意，而倏和忽则指那些对大自然的发展妄加干预的人们。显然，在庄子看来，尽管人们抱着各种良好的意图，渴望把大自然改造得更好一些，但到头来却将毁灭整个自然界。

庄子的思想，虽然有其消极的一面，但这篇寓言，不妨认为是对人类活动必将影响大自然的一个较早的警告。

比庄子稍晚一些的战国时期的另一著名哲学家荀子（约公元前313-前238年），也曾从另一个角度谈到对大自然的保护。他曾经指出：圣王的制度是这样的，当草木正在发芽、开花、长大的时候，就不让拿刀斧的人进入，以免贻害草木的生机，断绝草木的生长；当鼋、鼍、鱼、鳖、鳅、鳝等正在产卵的时候，就禁止把打鱼的网和毒鱼的药放到水里去，以免夭折鱼类的生命，断绝鱼类的生长。春天耕种，夏天锄草，秋天收获，冬天储藏，这四件事不错过时节，那么五谷的生产不会断绝，百姓也就都有余粮。凡是池塘、沼泽、江湖地方能够严加守护，那么鱼鳖长得好而多，百姓也就吃不完。砍伐和栽培林木都能够不错过时节，那么山林里不致于光秃秃地不长草木，百姓也就有用不完的木材。

这些话说明，当时荀子虽然还没有意识到，滥砍滥伐和大肆捕捞会造成自然生态失去平衡，但却已感觉到了这样下去将会造成自然资源贫乏的危机。更难能可贵的是，荀子还明确指出"天行有常，不为尧存，不为桀亡"，即自然运动法则是不依人们意志为转移的客观存在，反对天命、神鬼之说，大胆地提出了人定胜天的思想，说明他已经认识到了人类在改造自然中的伟大作用。

稍后，唐代著名学者韩愈（768-824年）也谈到人类对自然的破坏。他以虫和瓜果的关系为例，瓜果坏了以后，就会生虫，而虫生出来以后，对瓜果的损坏就更甚了。自然界孕育了人类，而人类给自然界带来了很大的破坏。人类开垦原野、砍伐山林、凿井取泉水饮用、挖洞穴作坟墓安放遗体、还挖掘坑洞作便厕，建筑都城大邑、楼台亭榭、别墅园林，疏通河道、沟渠、沼泽、池塘，钻木取火以焚烧，熔化金属，制作器物、陶瓷，雕琢玉石，使天体万物憔悴不振，不能按照本性发展。于是，他问道："其为祸元气阴阳也，不甚于虫之所为乎？"意思是说：人类对自然界的危害不是比虫对瓜果的破坏更厉害吗？

韩愈的这段话当然并不完全正确。尤其是他由此而得出的推论：由于人对自然的破坏，就应使人逐日稀少，每年削减，因此那些为非作歹、残害人民、有助于使人类稀少的行为，是有功于大自然的举动。这显然是荒谬和反动的。尽管如此，我们还是可以认为，韩愈的这些话，反映了古代学者已经初步认识到，人类对自然环境所可能造成的破坏。

总之，在古代，尽管生产力还非常低下，环境破坏问题还不突出，但是我国的一些卓有见识的学者已经敏感地预见到：人类活动有可能对大自然的发展产生有害的影响。

# 森林里发生了什么

青少年自然科普丛书
qingshaonianzirankepucongshu

自然
生态

"几百台拖拉机、推土机隆隆作响，难以数计的林木倒在地上，动物吓跑了，土地被推平。接着火焰四起，浓烟弥漫，鸟儿哀鸣，猴子嚎叫……"

这是南美亚马孙河流域热带森林被破坏的一个场景。据说，这里每天有上百万棵大树被毁掉。

森林被毁并非自今日始，也不仅仅发生在南美亚马孙河流域。在人类发展的历史进程中，森林像母亲一样哺育了人类，给人类提供了吃、穿、住的条件，但自从人类掌握了取火、用火的技术以后，就开始回过头来向自己的"老家"进攻了。

从1万年前的新石器时代，人类发展粗放牲畜和进行刀耕火种时起，森林便遭到了巨大的破坏。以后更是变本加厉，日益严重。四五千年前，欧洲森林面积还占陆地面积的90%，现在只占30%。我国西北广大地区4000年前也覆盖着茂密的森林，如今林海湮灭，植被破坏，好多地方已经沦为千沟万壑、重山濯濯的旱原。

特别严重的破坏是在近百年里发生的。随着社会生产的发展，毁林开荒，辟林放牧，兴建城镇，砍伐木材，再加战争破坏，火灾虫害，世界森林面积缩小的过程大大加快。现在，每年大约有2000万公顷的森林在地球上消失！

多年来，非洲森林已经砍掉了一半以上。其中西非每新种一棵树，同时却几乎要砍掉30棵树。象牙海岸本是非洲多林国家之一，为了得到所需要的外汇，每年差不多要砍伐30万公顷森林。1963年它还拥有1200万公顷森林，现在只剩下不到100万公顷了。

在人口爆炸和农业过度开发的压力下，亚洲的森林也面临消失的危险。从1980年到2000年，尼泊尔森林面积减少60%，斯里兰卡减少59%，泰国减少55%。越南在过去40年里已有近一半的森林被破坏。泰国1970年的森林覆盖率还高达50%以上，短短十几年后已下降到不足25%。

欧洲现在的森林都是人工林，原始森林几乎已经绝迹。欧美国家经常发生火灾，比如仅1990年，意大利被焚毁的森林就达17万公顷。欧共体各国被环境污染毁坏的森林也很多。

最令人担心的是热带雨林，它现在正以惊人的速度从地球上消失。20世纪80年代以来，热带雨林的3个主要生长国——巴西、印尼和扎伊尔，每年砍伐的森林超过200万公顷。有一份最新报告说，1980年有1130万公顷热带雨林被毁，1991年达到1690万公顷。

在人类历史发展的初期，地球上1/2以上的陆地披着绿装，森林总面积占42%，19世纪减少到55亿公顷，无论在欧洲、美洲还是亚洲、非洲，依然到处都能见到森林。可是进入20世纪以后，毁林的情况日趋严重。

我国的森林在历史上也不少，不仅南方森林茂密，就是在北方，五六十万年前蓝田猿人生活的渭河之滨，北京猿人活动的北京地区，都曾有苍翠的莽莽林海。但是，现在我国的森林已经不多了，1988年的森林面积是12465万公顷，只占世界森林面积的3%；森林覆盖率为13%，比世界平均覆盖率低一半还多。

森林破坏给我们带来了严重的恶果。水土流失，风沙肆虐，气候失调，旱涝成灾，都同大规模的森林破坏有关。人们毁林开荒的目的是为了多得耕地，多产粮食，可是结果却适得其反，农作物反而减产，挨饿的人越来越多。人们滥伐森林的目的是为了多得木材，获取燃料，可结果也是事与愿违，木材越伐越少，某些森林资源本来很丰富的国家现在成了木材进口国，22个国家中有1亿人没有足够的林木供给他们最低的燃料需求。

森林与人类息息相关，是人类的亲密伙伴，是全球生态系统的重要组成部分。破坏森林就是破坏人类赖以生存的自然环境，破坏全球的生态平衡，使人们从吃的食物到呼吸的空气都受到影响。难怪一位著名的生物学家说："人类给地球造成的任何一种深重灾难，莫过于如今对森林的滥伐破坏！"

爱护森林吧，滥砍乱伐森林是人类的愚蠢行为，再不要做这种贻害子孙后代的事了。我们不仅要保护好现有的森林资源，把利用自然资源和保护环境结合起来，同时还要大规模植树造林，绿化大地，改变自然面貌，改善生态环境。

# 失去的物种无法再造

看到这里，有的少年朋友可能会问：地球上不是生存着几百万种到1000万种生物吗？少掉几种、几十种又算得了什么呢？

这想法可是大错特错了。前面我们说过，每一种生物在自然界的生态系统中都有自己特定的地位和作用，它们生活在一个相互依存、相互制约的群落中，维持着微妙的生态平衡。如果由于人类的活动使某种生物灭绝了，那就会发生一连串的连锁反应，甚至带来意想不到的后果，直到危及人类自身的生存。

比方说，一种植物灭绝了，以这种植物为食的某种昆虫就会消失；而这种昆虫消失了，专门捕食这种昆虫的鸟类也会饿死；再进一步，这种鸟类的死亡又会对其他动植物产生影响。

举个更具体的例子，蜘蛛是一种节肢动物，种类甚多，这类八脚怪物以捕食昆虫为生。据专家估计，单在英国，蜘蛛每年吃掉的昆虫（大多数是害虫）就比英国全国人口的总重量还大。你倒想想看，如果蜘蛛真的是从地球上消失了，那你又有什么办法，能够代替它们去消灭如此之多的害虫呢？！

野生生物是一种极为珍贵的自然资源，是各国也是全人类共有的宝贵财富。它们为我们的生存和发展提供了最基本的条件。我们日常生活中的食品、燃料、药物、工农业原材料等大部分来自生物资源，特别是由野生生物驯化培育而来的粮食作物、家禽家畜、水果蔬菜以及其他经济作物等。

拿医药来说，传统医药之外，现代科学技术还从生物身上不断获取治疗疑难病症所需的新医新药：利用微生物生产的各种抗菌素，已使天花、霍乱、骨髓灰质炎等疾病得到了控制；猕猴对研制小儿麻痹症疫苗做出了特别的贡献；犰狳在研制抗麻风病疫苗中发挥了重要作用；从玫瑰红长春花中提炼出来的长春新碱和长春花碱，开创了治疗儿童白血病的新局面。

应该说，野生生物在人类日常生活中的开发利用，仍然是大有潜力可挖的。环境学家认为，地球上至少有8万种植物可供人类食用，可现在利用的只有3000多种，而且绝大部分的植物蛋白仅靠约30种作物来提供。同样，满足人类几乎全部肉食、奶类需要的家禽家畜也只有几种，而且都是我们新石器时代的祖先在1万多年前驯化培育出来的，可是地球上可供食用的动物何止万计？！

野生生物在科学研究上也有重要价值。医学、生物学、核工业、航天工业都离不开实验动物；一些新的机构设备、工艺流程、工程技术，可以从研究生物的结构、功能中得到启示；某些如大熊猫、扬子鳄、水杉、银杏等"活化石"，对研究生物的发展进化有重要意义。而且从根本上来说，人类也是生物界的一员，是整个生命进化洪流中的一部分。人类的过去、现在和将来，都与生物界的其他成员及其生存环境有密切的关系，人类只有更深刻地认识其他生物的过去和现在，才能更深刻地认识自己，更合理地规划未来。

丰富多彩的野生生物又是一个巨大无比的天然基因库，它的潜在价值是不可估量的。采用现代生物技术，生物之前不论亲缘远近都有可能交换遗传物质，任何生物基因都能成为可以利用的资源。通过对生物基因的开发研究，一定能培育出许多前所未有的优良新品种，以满足人类日益增长的各方面的需要。因此，自然界的一草一木，都值得我们爱护珍惜。

遗憾的是现在每年大约有4万种生物从地球上消失，比正常的自然消亡速率要快4万倍！这是一场真正的生命的悲剧！

要知道，自然界的每一种生物都是亿万年生命进化的产物，是大自然留给人类的一份珍贵遗产。科学上认为生命在地球上只起源一次。现在的芸芸众生都来自同一个祖先，每一种生物都有一段漫长的不可再现的演化历史。一旦某一种生物在地球消失，就意味着生命之链又有一环缺失，而且是永久性的缺失。有的东西坏了可以修补，毁了可以再造，可是人类却永远也不能使绝种的生物在地球上重新出现。

因此，今天地球上所有的生物不仅是我们的，也是我们子孙后代的自然遗产。保护自然种源也就是保住了自然的"本底"，我们和我们的子孙后代利用自然和改造自然才有了基本的依据。

人类是自然界的一部分，而且只是自然界的一部分。自然界里的每一种生命都拥有在它们的自然群落中继续生存下去的权利。人类不应该而且也不可能独霸全球，而必须同其他生物一起共享大自然。我们应该向其他生物伸出手来，不是毁灭它们，而是同它们友好相处。保护生物多样性不仅是为了造福自己，也是一种神圣的责任。

# 变鼠"害"为鼠"利"

公元6世纪以来，全世界有2亿人死于鼠传播的疾病——鼠疫；老鼠一年糟蹋1亿吨以上的粮食，约占全球粮食产量的6%。如此种种，招致人类对老鼠深恶痛绝，灭鼠成为世界性普遍行动。

然而，从长远来看，鼠类是一种资源，如果能充分开发利用，鼠多不患，而且越多越好。据统计，目前全球鼠类近3000种，约120亿只，是数量最多的哺乳动物。因为老鼠什么东西都能吃，哪儿都能住，甚至连核辐射都不怕，生命力极强。

人们说，养猪好，猪的浑身都是宝。其实，鼠的全身也是宝。首先鼠肉可吃。我国南方，如广东、广西、福建、四川等地就流传着"狗肉好吃名声臭，鼠肉好吃难得手"的说法。老鼠好动，肌肉发达，精肉多，肉质细腻，营养丰富必然好吃。古今中外，吃鼠肉并非罕见。在汉代的马王堆古墓中，发现有坛封的鼠肉干，可见古代帝王已把鼠肉当作佳肴。近年来，福建等地区加工制作的鼠肉干，能出口换外汇。山西省办起田鼠罐头厂，附近地区形成捕鼠热，一个月就收购田鼠2万多只，既消除了鼠害，又增加了经济收入。国外开发鼠资源遥遥领先于我国，在巴西，鼠肉制成罐头出口，美国的加州把老鼠作为家畜饲养。

鼠皮虽小，可质地柔软光滑，用它制作的装饰品或手套等小皮件，小巧玲珑，美观典雅。

鼠须是制作毛笔的上等原料，我国制造的鼠笔，享有盛誉，远销日本等国。鼠胆、鼠心、鼠肝和鼠脑都能入药，医治疾病。

将老鼠作为一种资源开发，无疑将对环境保护起到积极作用。现在开发利用仅仅是开始，鼠的许多特点目前还没有被人们认识和得到利用。例如鼠类极强的生命力这点，它的基因资源对于培育家畜新品种肯定有用，目前还处于研究阶段。总之，人们预计，开发利用鼠资源，要比开辟万顷良田、建设几个大型煤田或油田还重要，是一项利国利民、环境消除生活污染的伟大创举。

将来，类似老鼠的利用问题，还有苍蝇、跳蚤等，都能充分利用它们的长处，化害为利，消除对环境的污染。

# 奇异的"生态植物"

    1986年，前苏联切尔诺贝利核电站发生事故，造成核物质泄漏，辐射损伤300多人，使31人立即丧生。周围大片土地受到放射性污染，10多万居民紧急遣散。直到1995年，还有统计认为受这一核事故影响死亡达8000人。这一事故震惊全球。人死了不能复生，受伤者可以医治，核电站可以封死，可周围土地里的那些放射性污染物，筛也筛不掉，拣也无法拣，怎么办呢？这些受污染的土地能复生吗？

    法国核防护研究所的专家发现，在核污染的土地上种植鹅观草，草长满后，用割草机割除几厘米就能除掉几乎全部核污染物。

    鹅观草是一种多年生草本植物，草秆丛生，直立，高可达1米。1991年夏天，在切尔诺贝利核污染区首次试验。尽管那里的土壤不合适种植鹅观草，但是荒地上还是长满鹅观草，割除5厘米后，土壤中95%的核物质被除掉。割除的草烧掉后，将草灰按处理核废物的办法进行深埋或用其它方法处理。据估计，在切尔诺贝利污染区可种植6万公顷鹅观草，几年之后，那里的土地就能获得新生。

    鹅观草能使切尔诺贝利核污染土地复生，类似的例子还有许多。德国有40%的土地，不同程度也受到有毒化合物和重金属的污染。已有的净化土地的方法既费钱又破坏了土壤的生态环境。于是，德国科学家把目标放在植物上，着手培育能吸收土壤重金属的植物。这些能保护环境的植物叫做生态植物。德国科学家首先发现的一种生态植物是荞麦。

    荞麦一般人都知道，是一种一年生的农作物，茎红叶绿，果实为黑色三菱形。荞麦面含胆固醇低，是人们喜爱的保健营养食品。荞麦年产量可达每公顷200至300吨，1公顷荞麦从土壤中可吸取24千克铝和322千克锌。在重金属污染的土地上种植荞麦，养麦收获后虽然不宜食用，但可用做发电厂的燃料，燃烧后金属留在灰渣中，灰渣可以有针对性的做为肥料施给那些缺少这些金属元素的土壤。发电厂所发的电能可弥补耕作的全部费用。

加拿大科学家非常重视生态植物新品种的研究与开发。他们用遗传工程改良植物的净化功能。研究人员正在对油菜、烟草和紫花苜蓿等多种植物进行遗传改良，并且试验用催化剂加速植物吸收金属的反应。科学家的主要目标是利用他们培育的转基因植物净化加拿大很多矿山附近的污染土地。

总之，利用各种高效生态植物整治废矿区周围的土地，净化发电厂附近的污染土壤以及其它面积的污染土地办法，大有发展前途。

# 大自然的"自净"作用

自有人类以来，在生产和生活过程中就把各种废弃物抛到自然环境中，但工业革命以前人们并没有污染公害的感受和概念，这是因为当时人口少、生活、生产的废物也多是原始状态的，且数量不大，它们在自然界可以被吸收、"消化"。也就是说，当时的大气、水体的环境容量完全可以承受那些废弃物，而不会影响人类生存和生态平衡。如炊烟可以逐步扩散，倒入河流中的污水经过稀释等作用，也不致于为害。自然环境受到污染后，它本身在一些作用下，具有逐步消除污染物达到自然净化，甚至恢复到原来状态的能力。

在正常的情况下，或者说在环境能承受的最大污染物数量内，烟尘或有害的气体在大气中，通过风吹、雨淋和自身扩散、地球引力的沉降等作用，使大气得到净化。当污染物颗粒大、易挥发，地形开阔、风速、气温高；或者污染物的化学性质易和大气中一些成分起化学作用，生成容易分解或无害物质时，这种自净作用就更强。自然神力能否发挥得好，与自然地理、气象条件、污染物的物理、化学特性等有直接关系，有利条件多、威力大；反之，就差些了。水，也有自净能力。当混浊的污水流入江河湖海，污染物在水中被水流稀释、扩散，经过物理吸附、凝聚成较大颗粒沉淀后，水体可以恢复清洁状态。

但是，大气、水中污染物只是沉淀到水底泥中或土壤里，还并没有最终消除污染，自然界的许多生物可以通过代谢作用吸收或降低、分解一些污染物，使它们的浓度降低、毒性减小或消失。植物用叶片、根可以吸收土壤中的酚、氰等有毒有害物质，把它们转化为其它物质，地衣菌能把酚、氰分解成二氧化碳和水，二氧化碳又可供植物进行光合作用放出氧气，水生的水葫芦、凤眼莲等都有吸收水中很多化学污染物的能力。现代工业排放的有机化合物，多数有毒有害，人工办法不好处理，可很多微生物却能净化它们，把它们转化成容易处理的成分。

在日常生活中，只要细心观察，就可以看到许多现象，都是自然界环境自净力的作用。污水经过一段时间沉淀会清澈如初；一些污水经过充分利用土地——植物综合系统的净化功能后，变得有毒有害物大大减少，用来发展农业灌溉，既节约了水资源，又避免经过环境中有毒有害物的迁移，造成二次污染。湖北省鄂城县鸭儿湖原来被含有机磷、有机氯农药的化工废水污染了，后来经过选用细菌——藻类——浮游生物——鱼类等组成的淡水生态系统，充分发挥系统的自净作用，效果很好，每年平均去除有毒物质77%-98%。

海洋在地球上面积大、水量多，陆地及江湖中的污染物除残留的、被分解的、逸散在大气中的，最终都流入海洋。其中数量最多、又难处理的石油，在海洋中通过细菌等微生物的强净化功能，逐步回归自然。

由于自然环境本身充满生机和净化能力，人类正在研究加强其自净能力的办法，或是造成某些有利的条件，或是选择强化某些因素，达到控制污染的目的。

然而，自然界的自净能力也是有一定限度的。在一定时期、在一定范围内向环境排放的污染物，超过了环境的承受力，破坏了它正常的运行机制和平衡，自净的神功也就无法发挥，它就只能表现为对污染环境的人类的报复，20世纪以来层出不穷的公害事件就是证明。

# 农业与"生物防治"

农药及杀虫剂的发明曾是人类的骄傲，一时间里它们有效地杀灭了农田、果树中的害虫，使粮食、菜蔬增产不少。但好景不长，像生态学的普遍规律一样，它的利与弊也是结伴而来的。20世纪50年代前后，美国加州为杀湖中的蠓蚊，曾先后两次喷洒DDT，使99%蠓蚊死亡了，但第二次不久也发现了水鸟死亡，第三次再用，蠓蚊死的不多，而水鸟死的不少，解剖水鸟脂肪组织却惊人地发现，其DDT的浓度竟是水中农药浓度的8万倍，足以致鸟于死地，这显然是生物富集作用的结果；另一方面，农药使用不仅杀死其它不该死的生物，还使害虫产生抗药性，这也是达尔文自然选择理论的验证，因为农药作用于害虫使其大部分死亡后，能幸存下来的遗传基因中就有抗药性，这种变异代代加强，实际上是选择培育了害虫的优良品种。而且农药施洒又迫使没抗药性的生物物种不能进入这一生态系统中，反而使害虫的优种肆虐起来，这也是自然规律对人类的报复。

在辽阔的绿色海洋中，可以画出个最简单的食物链，如：庄稼（果、菜、树木等）——害虫——天敌（即害虫吃庄稼，天敌吃害虫）。使用农药的综合效果是破坏了害虫与天敌之间的自然生态平衡，这种不平衡有时会因天敌的大量死亡，使害虫比用农药以前更厉害。人类在总结教训的同时，也逐步学会利用生态系统中各种生物之间相互依存、相互制约的生态学现象和一些生物的特性，用生物来防治危害农、林业害虫等的综合措施。

我国用生物防治害虫的历史可追溯到一千多年前的晋、唐时期，那时已有用一种蚊防治柑桔害虫的记载。到了上个世界，世界各国都广泛采用合乎自然规律的用生物防治害虫的办法，有的根据食物链原理，针对某种害虫引进专吃它们的天敌。如用七星瓢虫吃蚜虫，一只成虫一天可吃掉100多只，用大草蛉虫每只每天可吃800只棉蚜虫。一只青蛙每年能吃掉近百只害虫。我国捕食性生物很多，利用它们去掉农作物害虫很有效，螳螂很能吃棉田害虫，黄鼠狼、猫头鹰虽然形象与声音令人讨厌，可它们都是捕鼠能手，每一只每年都可以吃掉一千多只老鼠，为人类保下1吨多粮食呢，而滑稽可爱的小刺猬不仅能吃鼠，还是吃甲壳、软体害虫的快嘴，所以人们说，"一窝刺猬保七亩半田"。人类还巧妙地利用一些寄生性生物或病原虫微生物来防治病虫害，像我国利用白僵菌防治大豆食心虫和玉米螟，利用赤小蜂防治蔗螟等。

人们为了减少农药施洒造成的各种后遗症（二次污染等），还研究了利用农林作物本身对病虫害的抵抗性防治病虫害。如植物虫害的忍耐性，即使受害也不减产；对病虫害的抗生性，就是农林作物本身能对有害生物的发育生长产生影响，使它们发育、生殖力受损……人类还用改变环境和作物品种的方法实行耕作防治病虫害，使原来专门危害某种作物的害虫由于环境改变而丧生。之后也有用射线方法对害虫照射，使它们失去繁殖力，美国就用这种方法在佛罗里达州消灭了羊旋皮蝇。

生物防治病虫害自古就有，近年随着化学农药大量使用的副作用日益明显，人们又转而重视自然界中生物防治作用，它依据自然界生物之间的依存、制约、竞争等规律，以虫治虫，既没有对空气、水、土壤的污染，也不会因害虫抗药越治越多。当然，如何有效、恰当地利用自然界的生物资源，使防治病虫害与大自然界的生态平衡发展，是一门需要人类永远研究的课题。人类应该有能力让农业在自然规律的协调下健康发展，永为人类的衣食之源。

# 白蚁与地球的温室效应

近些年来，人们陆然发现，地球越来越热，"暖冬"现象越来越普遍。这是什么原因呢？科学家认为，这是因为空气中的二氧化碳和甲烷的含量每年都在迅速上升，这些气体浓度的增大引起了地球的温室效应。温室效应的产生会严重影响气候的变化，同时还会导致地球的气候带发生移动，因而缩小产粮地带。产粮地带缩小，就意味着生活在地球上的人，将面临粮食的日益缺乏。没有粮食，人如何才能生存下去？

这样说来，二氧化碳和甲烷这些气体是造成地球温室效应的"罪魁祸首"。那么，这些气体又是如何产生的？为什么它的浓度会增加呢？曾经有人认为，这些气体的产生完全是由于石化燃料的燃烧。

经研究，以上说法是不准确的。科学家们认为，石化燃料的燃烧只是形成二氧化碳和甲烷这些气体的原因之一，另外还有原因。

这"另外的原因"是什么呢？就是白蚁。由于人们的滥砍滥伐，大片森林被砍伐，荒地是白蚁们繁殖的最佳环境。大量白蚁产生后，它们吞食木材为生，而它们消化道中的原生动物能破坏木质纤维，产生二氧化碳、甲烷等气体。

据粗算，全世界有白蚁240亿亿只，每年可产生二氧化碳1300亿吨，是石化燃料燃烧后产生的二氧化碳的2倍以上。

另外，白蚁在消化过程中也产生甲烷，而甲烷气体能把由二氧化碳产生的温室效应强化50-100%。据估计，全世界每年排入空气中的甲烷约为3.5-12亿吨，其中的10-40%是由白蚁产生的，也就是说，近一半是由白蚁产生的。

所以，消灭白蚁刻不容缓。

# 用珊瑚虫吸收二氧化碳

1992年6月，在巴西召开的国际环境与发展大会上，各国首脑们惊呼"狼"来了！"狼"指的是什么呢？是温室效应。这几年人们都感觉到气候一年比一年暖和了，同时还经常发生异常现象，这都是温室效应闹的。导致温室效应的元凶是二氧化碳。为了消除二氧化碳，减缓温室效应，生物学家、化学家、物理学家们纷纷献计献策，真可谓八仙过海，各显神通。

生物学家认为，利用海洋中的珊瑚虫可以吸收消化二氧化碳。

说到珊瑚虫，大家一定很熟悉。那看上去形如树枝状的珊瑚树，有白色的，也有红色的，颜色鲜艳，质地坚硬，用它们作为装饰品，很有特色。其实，珊瑚树就是由无数个珊瑚虫堆积而成的，作装饰品用同它们保护环境的用途相比，实在是大材小用了。

珊瑚虫是一种腔肠动物，单个珊瑚虫是圆筒形的，顶端有个大口，或卵圆形，或裂缝形，水和食饵以及其他不能吃的碎屑都从顶端大口进入，不能消化的东西也从这大口排出。它的长长的内腔分若干个小室，这是它的消化腔。当海水进入它的消化腔，海水中溶解的二氧化碳被吸收下来，最后从它的外层分泌出由碳、氧、钙组成的物质，即石灰质，也叫碳酸钙。珊瑚虫分泌石灰质，是为了建造它的骨髓。正是这些珊瑚虫的石灰质骨骼堆积成珊瑚树乃至形成珊瑚礁。

据科学家们分析测定，每平方米珊瑚礁上的珊瑚虫一年可固定4.3千克二氧化碳，真了不起，堪称吸收二氧化碳的"大肚皮"了吧！现在全世界大约有62万平方公里的珊瑚礁面积，算算看，一年能固定多少二氧化碳啊！大约25亿吨，相当于全球二氧化碳全年总排放量的12%。珊瑚虫虽小，可吸收消化二氧化碳的本领却蛮大。要是我们大家好好保护海洋，保持海水清洁，不随意破坏珊瑚礁，珊瑚虫就能大量的繁衍生息，消除更多的二氧化碳。

生物学家的点子确有独到之处，对于那些随处排放的二氧化碳，其他方法难于对付，而珊瑚虫吸收消化的生物学方法能收到良好的效果。所以，如果生物学方法和其他物理的、化学的各种方法配合运用，那效果就更好了。

# 鱼类和环境保护

据报道，鱼类吸附农药的能力，是其它非水生性生物的几十到几百倍。例如，鱼体中汞浓度可为水中的800倍，甚至有人认为：鱼类吸附系数为1万倍。

专家声称，1605农药，人类口服最低致死剂量为240微克，而鱼类则要1240毫克。因此，专家建议：尽量不要吃那些生长在受过农药污染的水中的鱼，哪怕这些鱼仍是活的。

然而，美国佛罗里达州的一位遗传工程学家M·赛普，利用非洲一种土生土长的蒂拉皮亚小鱼，培养出一种抗毒超级鱼。它的适应性很强，无论是浮游生物或商业饵料，都爱食用；而且可以在淡水、咸水，甚至在可以毒死其他鱼类的荇水中生存。它的繁殖率极高，一尾雌鱼每年可繁殖近万条鱼，每尾鱼可生产60%不带刺的鱼肉，为人们提供了一个廉价的蛋白质来源。近年来，沙特阿拉伯与墨西哥等国家已引进了这种鱼苗。

英国诺丁汉附近的一家电力公司的生物学家，近年已培育成功一种能抗酸雨污染的新鱼种——棕色鳟鱼，并计划把这种鱼送到酸雨污染最严重的挪威南部河流和湖泊去进行繁殖。

前些年，德国的格平根、维尔茨堡和乌尔姆三个城市，利用象鼻鱼对水中污染物有反应的特性，建立了"象鼻饮水监视系统"，帮助环保人员防止水污染，保证了40万居民能喝上干净卫生的饮水。

象鼻鱼是一种非洲的淡水硬骨鱼，尾部有带电器官。它在干净无污染的水中，通常1分钟能发生400至800毫伏电射流；但是当每升水中含有0.3毫克的铅或万分之一浓度的三氯乙稀时，电脉冲的频率便骤然下降。环保人员在检测电信号之后就能及时判断水中污染物的含量。

# 用鱼耳石监测水污染

科学家们发现，鱼类的耳石上长有一圈圈密密的圆环，就像树干上的年轮一样。但鱼儿耳石上的圆环不是年轮，而是"日轮"。鱼儿都会在耳石上长出一圈新的圆环。

最近的研究成果表明，将鱼耳石中"日轮"的变化与气候情况的记录相比较，可以了解到这些鱼是在何时产卵、何时洄游等生长变化过程，以及鱼儿在生长时期的水温变化情况。

另外，通过检测"日轮"的厚度、密度和化学成分，人们可以追寻各种鱼类祖先的起源。

其次，"日轮"还可以测定在同一水域中捕捉到的某种鱼群是否来自同一河流，以便决定是否应当限制捕捞，保护鱼种的正常繁衍。

鱼类学家还发现，鱼耳石能够提供海水污染的某些证据。这是因为耳石中的圆环吸收重金属，而且它们的生成受周围水域温度的影响，这一点有时是海水污染的标志之一。

这些发现，使小小的鱼儿耳石成为人们研究鱼类生态环境的新的得力工具。

# 环境"监测家"——蜜蜂

在我们的地球日益污染的今天，环境监测愈发显得紧迫与重要，人们发现蜜蜂不仅是采花酿蜜的高手，而且它还是天生的生态环境"监测家"。

每年，全球都有大量的污染物流入自然环境中。仅仅在美国，一年中堆积于地面，渗入地下，流失于大气与水域的有毒化学物质，就不下于35亿千克。

当今世界上，有不少有识之士呼吁，应将生物监测作为对付污染的重要手段，以弥补化学监测的不足。美国蒙大拿大学，生物学家杰利·布洛曼逊，就把蜜蜂称为是世界上最高效的环境取样专家。

蜜蜂采集花蜜和花粉作食物，取水作蜂巢，蒸发散热剂，觅树脂作蜂巢粘接剂。此外，它身体上的绒毛带有静电，能吸附尘埃。一个普通蜂巢的蜜蜂有数万只，它们觅食的范围大于6.4平方公里。任何与蜜蜂生活有关的植物、水、尘埃，甚至空气中的污染物，都会被带入蜂巢，这样就给人类进行取样分析，提供了可靠的数据和便利条件。

在后来的化验中，布洛曼逊已从蜜蜂体内发现了与周围环境污染物相一致的有毒化学物。另外，他还发现蜜蜂体内有10多种放射性元素。这样，蜜蜂也就成为核电站、实验室、化学工厂和垃圾场污染的预警工具。同时，根据蜜蜂体内的毒物和放射性元素的累积量，还可衡量污染的时间，从而就可减少其它监测手段中，持续取样的麻烦。

# 家猫对环境的破坏力

在英国的一个乡村，有一只家养的猫，尽管主人对它照顾极周到，要吃有吃，要喝有喝，但它却仍然经常外出捕杀一些鸟类及小型哺乳动物。

英国科学家丘奇尔得知此情后，异常震惊，他想：全英国有500万只家猫，如果每只都经常外出捕杀鸟类及小型哺乳动物的话，那么，它们对环境的破坏力是巨大的。

为此，丘奇尔特别作了一个调查，他选择了77家养猫人家，发给他们每家一份记录本及一只袋子，让他们把所养的猫每天外出捕获的"战利品"装进袋子，同时记录被猫吃掉的猎物。然后，他每天去收集一次。

经过大约一年多的工作，结果出来了：这77只猫共捕获各种鸟类及小型哺乳动物1100只，主要猎物除了鸟类，还有水鼠、田鼠、鼬、油蝠等，捕杀高峰期正是小动物们活动频繁的夏秋时节。

调查还发现，猫和猫之间的捕获量并非均等，也就是说，有的猫捕获得多，有的则捕获得少，多的捕到100多只，少的只有区区几只。这个捕获量与猫的年龄、居住地的地理位置及气候条件等因素有关。一般，猫越老越懒，捕获量越小；猫越年轻越勤快，捕获量越大；住在村子中间的猫比住在树子边的猫捕获量大；晴好天气比恶劣天气捕获量大。

猫外出捕杀其它小动物，是因为它们吃不饱吗？并非如此，调查发现，它们有时只把抓到的猎物咬死，然后把它们丢弃，而不是真的要吃它们。

把这种调查推而广之，人们，特别是那些既养猫，又爱鸟的人们惊讶地发现，全英国每年都有上千万只鸟儿及小型动物死在猫的爪子下，其中鸟儿占35-50%，也就是说每年有2000万只鸟儿被猫害死。灭鼠能手实际上也是害鸟能手。

猫对环境的破坏力这个问题，已经越来越引起人们的高度重视。

# "警犬护林"员

在我国的一些林区，盗伐国家林木的犯罪活动屡禁不绝，而且有漫延的趋势。如果不及时制止，不但使我国家宝贵的森林资源不断遭受重大损失，而且使一部分护林员的生命安全受到威胁。面对这一严峻现实，一些地方的公安机关果断地采取措施，使用警犬进行护林工作，很快就见到成效。

江西赣州地区是个山区，山林面积占全地区土地面积的70%以上，有百余个国有林场。前些年不法分子中流传着一句话："想要富，去砍树；山上的树，路上的钱。"他们把砍伐国家的林木，当作捡路上的钱一样无所谓，不捡白不捡，就是想非法致富。

针对这种情况，地区公安处与地区林业公安局相配合，为一部分林业派出所配备了警犬。据统计，1988年配发给派出所10只警犬，投入使用后，仅半年，就出勤178次，使用106次，通过警犬追踪、堵截，当场抓获盗伐林木的不法分子50余名，缴获木材24立方米，处以林政罚款2万余元。于都县有个林场派出所，带犬巡逻半年，竟没有发生一起盗伐林木案件。

四川省邻水县国营林场多，国有林面积大，人均护林面积达1000多亩，护林力量薄弱。自从警犬投入巡逻护林后，有力地保护了国家林业资源。有个护林点，以前是盗伐树林案多发地区，两个月内被盗伐林木近600根。后来使用警犬护林，一年中仅丢失林木20余根。警犬真不愧是合格的"护林员"。

# ◎ 生命之链 ◎

美国"生物圈2号"实验的失败，宣告了地球的自然生态系统不可再造。

地球是人类惟一的家园，人类应当努力保护而不是破坏它。

# 从"生物圈2号"失败谈起

1996年11月，《人民日报》发了一则短讯：美国做了10多年的"生物圈2号"实验失败。科学家们想建立起一个人造的生存环境的努力终未成功。

消息是否使国人震惊？恐怕关心的人不会太多。而这件事再度警告我们，地球仍是人类惟一的家园，无法再造，我们更应保护它。

科学家们把人类休养生息的地球称为"生物圈1号"。为了试验人类离开地球能否生存，美国从1984年起，在亚利桑那州建造了几乎密封的"生物圈2号"实验基地。模拟地球自然生态系统，在其中按一定的比例配置了各种植物、动物以及类似地球的自然环境条件，构成了一个人工的生态系统。

在这个占地约12500平方米，用拱形玻罩封闭的人造小世界里，有2800种动植物，还有湖泊、沙漠、树林、沼泽、草地和农田、楼房等，以及制造人工风雨的装置。

科学家们期望人工创造出一个人类可以生存的生物圈，为扩大人类生存空间，比如向月球、海底进军提供科学依据。

事实表明，"生物圈2号"的设想是不现实的。1993年1月，8名科学家进入"生物圈2号"一年多后，由于土壤中的碳与氧气反应生成二氧化碳，部分二氧化碳又与建"生物圈2号"用的混凝土中的钙反应生成碳酸钙，导致其中氧气含量从21%降到了14%，二氧化碳含量猛增。另一个意外是，"生物圈2号"运行三年后，其中的一氧化氮含量猛增到百万分之七十九，足以使人体合成维生素$B_{12}$的能力减弱，危害大脑。

科学家们还发现，除了藤本植物比较繁盛外，所有靠花粉传播繁殖的植物都灭绝了，大树也摇摇欲坠；昆虫中除了白蚁、蟑螂和蝈蝈外基本死亡；人造海洋中生物生存情况略好于地面；人造沙漠由于没有控制好降雨，变成了草地；"生物圈2号"上层的温度远高于预计的数值，而下层的温度又大大低于预计的数值。

由多名专家组成的委员会对该实验进行了总结。他们认为，人类还无法用人工方法保持地球的活力。地球是人类惟一的家园，人类应当努力保护而不是破坏它。

# 不可再造的生态系统

地球从30多亿年以前开始出现原始生物，以后分化为动物和植物，从低级发展到高级，从水中发展到陆上和空中，直到出现人类。今天的地球已拥有200多万种动物，30多万种植物和十几万种微生物，组成了一个生机勃勃的生物世界。

生态系统就是在一定空间范围内共同栖居着的所有生物群落与其环境之间，通过不断的物质循环和能量流动过程而相互作用、相互依存的统一整体。

有人把生态系统简单地概括为这样的公式：生态系统＝生物群落＋环境条件。

凡是系统，都是由一定的成分组成，具有一定的结构，体现一定的功能。如果把生态系统比喻为一部机器，这部机器的结构是由生物和非生物组成的，这些"零件"之间靠能量的传递和物质循环而互相联系，成为一部完整的机器。

能量流动和物质循环在生态系统内不停地流动，反复地循环，维持着生命的存在和繁衍，维护着系统的稳定与平衡。

我们居住的地球，有许多大大小小、多种多样的生态系统，大的有生物圈，海洋、陆地、森林、草原、湖泊等等，小的如一个生活有藻类、孑孓和蝌蚪的小水坑，一片草地，一个池塘等。

池塘是一个典型的生态系统。池塘里有各种水生植物、水生动物和细菌、真菌以及这些生物生存所必需的水、底泥、阳光、温度等非生物环境。水生植物利用太阳能进行光合作用，把水和底泥中的营养物质和大气中的二氧化碳转化为有机物，贮存在植物体内；小型浮游动物以浮游植物为食；浮游动物和有根植物又被鱼类作食物；水生植物和水生动物的残体最终被水和底泥中的细菌、真菌及腐食性动物分解成无机物，释放到环境中，供植物重新利用。这就构成了一个完整的生态系统，成为自然界的基本活动单元，它的功能就是物质循环和能量流动。除了自然生态系统外，还有人为的生态系统，如农田、果园、鱼塘等。

# 地球上的生物圈

地球上的一切生物，包括人类和其他动植物，都生活在地球表面，这里充满着空气、水、土壤和岩石等物质。如果把地球比作苹果，人类和其他动物所生存的这个领域，只不过是像苹果皮那样薄的一层。这个地球的表层，称为生物圈。

生物圈是地球上最大的生态系统。在地球上，凡是有生命的地方，都属于生物圈的范围，它包括岩石圈（地壳固体表面的上层）、水圈（海洋、江河、湖泊）和大气圈对流层（大气层的最低层）。水圈中几乎到处都有生物，但主要集中于表层和浅水的表层。大气圈中的生物主要集中于中下层，但细菌和真菌则在2万米高的平流层中还能发现。岩石圈中生物分布的最深记录是生存于地下3000米处的石油细菌。农业环境是自然环境的重要组成部分，也是生物圈的主要部分。

起初，生命世界还只能存在于海洋之中。大约到距今4.2亿年前，由于原始藻类植物的光合作用放出氧气，使大气中的含氧量进一步增加。当大气中含氧量增加到一定程度时，在地表以上20至25公里高空处的氧在雷电和太阳紫外线的作用下形成了一个浓度较高的臭氧层。这时，天空中就好像出现了一把可以防止生物紫外线杀伤的保护伞。所有这些，都为生物离开水层，登上陆地提供了可能，陆上生命世界开始繁荣起来。在漫长的发展过程中，生物之间、生物与其环境之间相互作用，相互依存，逐步进化，发展到今天这样多姿多彩的生物世界。例如裸类植物首先登上陆地，为陆生动物准备了食物条件，某些昆虫和其他节肢动物就接踵产生。草食性动物的发展促进了各种肉食性动物的繁荣。同时，动、植物的发展演化同气候、土壤等无机环境条件的变化也是分不开的，不同的环境条件下生存着各种不同的动、植物。例如，分别适应热带、亚热带、温带以及草原、荒漠等不同环境条件的植物种类多达30多万种；分别生活在河流、海洋、陆地、土壤中的动物多达200多万种，形成了生态系统的多样化。

地球上的生物圈是在太阳能作用下，生物和环境长期互相作用的结果。今天绚丽多彩的生物世界就是几十亿年来各种生物与复杂多变的地球环境相互作用、相互适应的产物，是来之不易的。为了包括人类在内的生物世界的持续繁荣昌盛，人类应当把维护好这个生物圈当作自己义不容辞的责任。

# 生态系统的组成

　　生态系统是生产者、消费者、分解者和非生命物质（无机环境）四个部分组成的。它们在物质循环和能量流动中各自发挥着特定的作用并形成整体功能，使整个生态系统正常运行。

　　生产者是指绿色植物，也包括单细胞的藻类和能把无机物转化为有机物的一些细菌。绿色植物的叶片中含有叶绿素，能进行光合作用，把太阳能转化为化学能，把无机物转化为有机物，供给自身生长发育的需要，并成为地球上一切生物和人类食物和能量的来源。因此，绿色植物是生态系统的生产者。

　　消费者主要是指动物。它们以消耗生产者为生。草食动物以植物作为直接食物，称为一级消费者，如蝗虫、蚱蜢等；以草食动物为食物的肉食动物称为二级消费者，如青蛙、蟾蜍等；以肉食动物作为食物的动物，则称为三级消费者，如蛇、猫头鹰等。这些消费者都是生态系统中的重要环节，它们对整个生态系统的自动调节能力，尤其是对生产者的过度生长、繁殖起着控制作用。

　　分解者是指具有分解能力的各种微生物，也包括一些低等原生动物，如土壤线虫、鞭毛虫等。分解者是生态系统的"清洁工"，它们把动植物的尸体分解成简单的无机物，归还给非生物环境。如果没有分解者，死亡的有机体就会堆积起来，使营养物质不能在生物与非生物之间循环，最终使生态系统成为无水之源。生态系统的分解者数量十分惊人。有人估计，在1万平方米的农田土壤中，细菌的重量可达8千克。

非生命物质，即无机环境，是指生态系统的各种无生命的无机物和各种自然因素。

生态系统的各组成部分有分工，也有协作。生产者为消费者和分解者直接或间接地提供食物；消费者把生产者的数量控制在非生物环境所能承载的范围内；生产者和消费者的残体、排泄物最终被分解者分解成无机物，供植物重新利用。正是生产者、消费者、分解者和非生物环境之间的协调、统一，使生态系统能够不停地发挥作用。

生态系统的各个组成部分都是互相联系的。比如，池塘里的鱼被捕捞后，水生植物和浮游动物就会迅速繁殖起来。如果人类活动干预某一部分，整个系统可以自动调节，以保持原有状态不被破坏。生态系统的组成成分越多样，能量流动和物质循环的途径就越复杂，调节能力就越强。但是，生态系统本身的调节能力是有限的，如果人类大规模地干扰，自动调节就变得无济于事，生态平衡就会遭到破坏。随着人类利用、改造环境的能力日益加强，像原始森林和极地那样的原始生态系统已很少见，人们正以大量的养殖湖、农田、薪炭林和乡村等半人工或人工生态系统取而代之。人类已逐步认识到自己和周围环境是一个整体，应以生态系统的观点去从事经济活动。

任何一个生态系统虽然都是由环境和各种生物成分组成的，但是在不同的环境条件下，各种生物成分的组合形式各不相同，从而形成不同的结构，包括各种不同的营养结构、空间结构和时间结构。其中空间结构可分为生态系统的水平结构和垂直结构。不同的生态系统结构反映出不同的生态系统功能。

生态系统的营养结构是指生态系统中不同种类、数量的生物通过营养关系（食物链）而形成的生物群体组合形成。生态系统中生物之间能量与物质的传递途径，随营养结构的不同而变化。

生态系统的水平结构是指生态系统中因种群和群落的水平分化而形成的空间配置格局。种群是构成群落的基础，植物种群更是基础的基础。

在不同的地理条件下，种群、群落的配置格局有十分明显的差异，从而形成地球上水平结构各不相同的生态系统，其中包括陆地生态系统、淡水和海洋生态系统。陆地生态系统最为多种多样，又可分为极地、苔原、温带森林、亚热带森林和草地—农田带、热带雨林、赤道雨林、热带草原或稀树草原、沙漠等类型。

生态系统的垂直结构是生态系统中因种群、群落的垂直分布而形成的空间配置格局。在自然界，无论是水生生物还是陆生生物，都有空间垂直分布成层的现象。即在不同的地面高度和水面下的不同深度，分布有不同的物种。生态系统的表面处于全光照，由此向下，光被有机体吸收，光照强度也逐步减小。以森林生态系统为例，从树冠到地面可以依次呈现：树冠层、灌木层、草本层和地表层。最上层的林冠，其树木枝叶表面受到100%的光照，可以吸收和散射一半以上的光能。下面的灌木层只能吸收到10%的光照，而到了草本层仅能获得1—5%的光照。在稠密的林子里，下面各层植物所得到的阳光很少，它们的生长发育就受到一定限制。

动物在生态系统中也有与植物的垂直配置相适应的空间层次分布。以鸟类为例，虽然大多数鸟类可同时利用几个不同的层次，但每一种鸟都有一个理想层次。如林鸽喜在林冠层，沼泽山雀喜在灌木层，乌鸦则多在草本层或地表层等。

在高度稳定的顶极群落中，种群构成多样复杂，生态系统的垂直结构表现得尤为突出。植被上层是特别喜爱阳光的高大乔木，其下是较耐阴的灌木，再下是可利用漏射的少量阳光生存的草本植物，地表则是最耐阴湿环境的地衣、苔藓之类，以及生长在枯枝落叶层中的真菌等。与此相适应，栖息其间的动物也有分层现象：较上层的是鸟类和一些昆虫的居处，林间草地是食草动物以及它们的捕食者食肉动物的活动空间，蚂蚁、蜘蛛、蜈蚣等在枯枝落叶层中觅食，地表之下则居住着蚯蚓、蝼蛄等穴居动物。

生态系统的时间结构是指生态系统随着季节和昼夜节律的变化而形成的生物组合形式。季节性变化是由自然因子，主要是温度和光周期的季节变化所引起的。昼夜节律通常是指生物群落随地球24小时的昼夜运动而产生的各种有节律性的变化。如生物的新陈代谢、内分泌活动、高等动物的睡眠等现象都具有这种节律性。

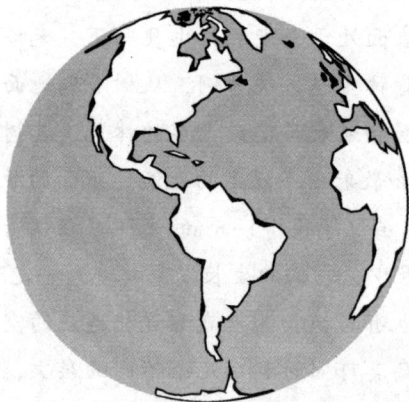

# 最初的能量来自太阳

　　空中的飞鸟，水里的游鱼，地上的走兽……它们从小逐步长大所需的能量，是从哪里获得的？人类活动所需的能量又是从哪里来的？你可能会回答说："是食物。"这个答案显然是对的。因为人如果不吃饭，就会感到没有力量。可是食物中的能量又是从哪里来的呢？科学实验使我们找到了正确的答案：地球上所有的生态系统的最初能量，来源于太阳。太阳是地球生命赖以生存的能量源泉。

　　当我们走进森林，就可以看到，各种树木、草类、蕨和苔藓从上到下依次都占有不同的层次，尽量伸展它们绿色的枝叶，争夺和吸收着阳光。

　　植物的每一片绿叶都是一个制造有机物质的小工厂。数不清的小工厂在阳光的作用下，不断把水、二氧化碳和无机物质转化为糖、脂肪和蛋白质等有机物质，并把太阳能转化为化学能储存在其中，这个过程叫作光合作用。光合作用是地球上的生命对能量的第一次摄取和固定，所以生态学家称之为初级生产（或称第一性生产）。初级生产形成的有机物质称为初级生产量。

　　初级生产量一方面供给植物自身生理活动所需的能量，另一方面也为所有动物提供了食物。例如，毛虫蚕吃树叶，野兔取食青草；紫貂、啄木鸟和蛇以吃植物的小动物为食，而它们又是老鹰、狐狸和捕食对象。结果，老鹰抓蛇，蛇捕小鸟，小鸟啄昆虫，昆虫吃植物，植物依赖太阳能。归根结底是：动物靠植物，植物靠太阳。

　　在太阳—植物—植食性动物—肉食性动物这样一个能量流动过程中，太阳能是一切动植物获得能量的源泉。因此，植物能够摄取和固定多少太阳能，是直接关系到地球上能养活多少动物和多少人口的重要问题。由此可见，农业的第一性生产是多么重要。

# 能量在转化和流动

太阳能向地面转化时，是遵循能量守衡和能量转化规则的，即能量可以由一种形式，在转变过程中不会消失，也不会增加，并沿着从集中到分散，从能量高到能量低的方向传递。在传递过程中，总有一部分成为无用的能释放。

太阳像一个巨大的火球，不停顿地辐射着巨大的能量。太阳能进入大气层后，其中有30%被大气中的尘埃微粒反射回去，20%被大气吸收，只有40%左右到达地面。地球表面并不是到处生长着绿色植物，所以有不少照射到地球表面的太阳能未被吸收。仅10%左右辐射到绿色植物上，又有大部分被植物反射回去，真正被绿色植物利用的只占辐射到地面上的太阳能的1%左右，即通过光合作用只能把太阳能的1%转化为化学能储存下来。难怪有人说，世界上最大的浪费是光能浪费。

在生态系统中，能量不断沿着太阳—植物—植食性动物—肉食性动物的方向流动，这就是生态系统的能流。能流是单方向的，最终都以热的形式消散到空间中去。所以生态系统必须不断输入能量，才能维持其正常功能，而太阳不停地把能量"恩赐"给地球上的各种生态系统。

生态系统利用能量的效率很低。一般来说，能量沿着从绿色植物—草食动物—一级肉食动物—二级肉食动物逐级流动，通常，后者所获得的能量大体上等于前者所含能量的十分之一，有人把它称为"十分之一定律"。

植物吸收太阳能生产有机物质叫初级生产量。动物吃植物，把植物中的物质转化为动物中的物质，是生物界对能量的第二次固定，所以在生态学上叫次级生产量。

在初级生产量的过程中，实际上只能有一小部分被利用，其余大部分或因取食不到，或因不可食，或因动物种群密度低未被充分利用等种种原因，而不能转化为次级生产量。

在自然条件下，大约有90%的陆地初级生产量和10-40%的海洋初级生产量不能被动物利用，而是靠细菌和真菌等微生物的分解活动重新转化为无机物质回到环境中去。这些微生物在整个生态系统的物质循环中起着关键的作用。

人类利用牧场、鱼塘发展养殖业的目的，主要就是把尽可能多的初能生产量转化为次能生产量，也就是说，把尽可能多的不能被人类直接利用的植物转化为肉、蛋、奶、毛皮等高级产品，以满足人类的需要。例如，多品种混合放养，可提高鱼塘、水库中鱼饵的利用率，增加鱼产量。深度开发利用自然资源，使得消费同样多的初级生产量能得到更多的动物产品，通过微生物的转化作用，形成人类所需要的、可利用的食品或能源（如食用菌、沼气等），从而进一步提高太阳能的利用率。这也是生态学家的一个重要研究内容。

# 食物链和"金字塔"

　　生物与自然环境之间存在着千丝万缕的联系，生物与生物之间也有着极为有趣的"瓜葛"。这种"瓜葛"，有的很简单，一眼就能看清楚，有的却一点不露形迹，显得十分奇妙而神秘。

　　比方说，谁都一目了然蜜蜂与花儿的关系：蜜蜂采取花蜜，同时给花传播花粉，还能帮助花儿结实。

　　可是，在一片森林里，在一个池塘内，生物的种类多得出奇，你能看出它们之间的相互作用和相互联系吗？

　　有一个事实最早引起人们的注意，那就是自然界里各种生物微妙的适应能力和有趣的动作行为，都不过是一种手段，目的是为了获取食物而求得生存。一种生物靠吃另一种生物过活，而它自己又可能是更高一级生物的食品。

　　有一句俗话说："大鱼吃小鱼，小鱼吃虾米，吓米吃泥巴。"这指的正是发生在河塘里的事情。不过这里有一点应当改动，即虾米不是吃的泥巴，而是泥巴里的腐烂有机质和浮游生物。

　　还有一句谚语："螳螂捕蝉，焉知黄雀在后。"意思是说，螳螂急着要抓蝉吃，哪里知道还有黄雀跟在后面要吃它哩！

　　为了论证大自然中看来比较疏远的动物和植物，怎样以一种错综复杂的关系连结起来的事实，伟大的英国博物学家达尔文给我们列举了一个有名的三叶草和土蜂的例子，研究成果后来成了生态学上的经典理论。

　　达尔文发现，一种开着深红花朵的三叶草几乎完全得靠土蜂来授粉，因为只有土蜂才有那么长的能够触到花内基部蜜腺的舌头。由于姬鼠会毁坏土蜂的巢房并吃食土蜂的幼虫，所以土蜂的多少又跟姬鼠的数量有关。而姬鼠的生存会受猫的影响，原因是猫能吃姬鼠。这样就得出结论，猫越多，姬鼠就越少，土蜂会增多，三叶草的产量将增加。也就是说，田野上三叶草的产量，竟然同村镇居民养猫的多少发生了关系！

一环扣一环，一物吃一物，这种生物之间由于一连串取食和被取食所形成的一种联系，被叫做食物链。这样的食物链例子可以举出很多很多。

兔子吃青草，狐狸吃兔子，狼又吃狐狸……

菜青虫吃菜叶，青蛙吃菜青虫，蛇吃青蛙，鹰又吃蛇……

不过，食物链的这个"链"字往往容易引起误解，它会使人们想到这是一串简单的有秩序的环节。事实上，生物之间相互为食的情况要比上面举的例子复杂得多。它们不是"单线"联系，而是经常"节外生枝"，好多的食物链纵横交错，织成复杂的食物网——鹰不仅吃蛇，也吃兔子；蛇不仅吃青蛙，也吃小虫；青蛙不仅吃菜青虫，也吃蚊子。捕食者本身又是被捕食者，它捕食的对象很多，而自己又往往是另外许多天敌的"猎物"。

在这个由食物链组成的生态王国里，绿色植物是"自食其力"的劳动者，只有它们能够进行光合作用，以简单的无机物作原料制成复杂的有机物，自己养活自己。动物，包括我们人在内，都没有利用自然界无机物制造食物营养的本领，于是只好"求乞"于植物来生存。

植物是"生产者"，动物是"消费者"。"生产者"是惟一的，"消费者"还可以分成两级。

有些动物直接靠吃植物为生，比如昆虫里的蝗虫、食心虫，鸟类里的鹦鹉、交嘴雀，兽类里的兔、马、牛、羊等等，都是素食的吃草动物，是"第一级消费者"。

昆虫里的瓢虫，鱼类里的鲨鱼，鸟类中的鹰、鹗，兽类中的狮、虎、狼、豹之类，吃的是别的动物。这类吃荤的食肉动物是"第二级消费者"。

末了，动植物死后，尸体经过微生物分解，又变成简单的物质回到土壤里，供植物吸收利用。小不点儿的微生物于是又被称之为"分解者"。

请别小看这些分解者，它们是自然界里的"清洁工"。如果没有它们的劳动，动植物的尸体就会堆积如山，无处存放。它们还是土壤里的"炊事员"，一旦怠起工来，植物得不到可口的"饭菜"，动物也休想有好日子过。

食物链很复杂，食物网更复杂，它把所有的生物都包括了进去，使它们彼此之间在食物上形成了直接或间接的联系。

通过食物链，自然界的物质和能量，在生物之间一级一级地传递。

青草被小白兔吃了，青草里的物质和能量转化成为小白兔的物质和能量；小白兔被大灰狼吃了，小白兔的物质和能量又转移到了大灰狼的身体里。

不过，生物之间的这种物质和能量的转移不是百分之百的，相反，差额还挺大，一级生物的物质和能量，通常只有1/10左右转移到下一级生物体里。也就是说，从数量上来讲，要有10倍于兔子的青草，才能养活一只兔子；而要有10倍于狼的兔子，才能养活一只专吃兔子的狼。

这样的一种食物链转化规律，就使我们得到了一个所谓的"数量金字塔"：塔的底部是具有光合作用的绿色植物，它们是整个生物群落中的能量储存库，是生产者；接着往上是吃素的食草动物，即第一级消费者；然后是吃食草动物的食肉动物，属第二级消费者；如果有第三级消费者，那就是吃食肉动物的猛禽兽了。

任何一条食物链，按顺序构成的"金字塔"的层次不是无限多的，通常只有四五级；每上一级，生物的数量和能量就差不多要减少90%。因此，这个"塔"是个名副其实的"金字塔"，越往上越窄、越尖。

这样我们就明白了，为什么作为第二级消费者的食肉动物要比作为第一级消费者的食物少得多，而作为第一级消费者的食草动物又总是要比作为生产者的植物少得多。处在"金字塔"上部的动物消费者，一般是些大家伙，但是数量相当少；处在"金字塔上部的动物消费者，通常个子比较小，但是数量非常多。

我们人处在这个"金字塔"的哪个部位呢？

人是杂食的，既吃植物又吃动物，"食不厌精，烩不厌细"，吃起来非常讲究，位置自然应该在"塔"的顶尖部位。

人处在"金字塔"顶的位置其实不值得羡慕，因为人是食物链的最后消费者，也可以说是最大的"乞食者"。人的位置非常脆弱，一旦失去大量植物、动物的供养，人就无法生存。

# 平衡——自然的规律

物质在循环，能量在流动。世界上的一切物质运动都需要能量。万物生长靠太阳，太阳辐射出来的能量是我们这个星球上可以获得的最基本的能源。地球上所有的生命活动和自然现象，几乎都跟太阳能有关。

你看，植物要在阳光下才能生长，绿色植物通过光合作用把太阳能转换成化学能储存在机体里；动物要吃植物过活，食草动物又被食肉动物吃掉，能量也跟着从一种生物传递给另一种生物。

这就是说，自然界中存在着许许多多我们往往用肉眼察觉不到的物质循环和能量流动，把生物群落（动物、植物、微生物）同其生存的非生命环境（大气、水、土壤），以及生物群落内部的不同种群连结到一起，形成一个相互联系、相互作用、相互制约的系统，这就是人们常说的生态系统。

别以为生态系统只有一个或一种，生态系统具有不同的类型和等级。大到整个生物圈，小到一滴水，都可以看成是一个生态系统。环境不同，生物有别，生态系统也不一样。海洋环境和海洋里的生物组成了海洋生态系统，森林环境和森林里的生物组成森林生态系统。此外还有池塘、湖泊、河流、沼泽、草原、沙漠、高山、盆地乃至农田、城市等等，都可以构成类型各异、大小层次不等的生态系统。各种生态系统都有自己特殊的结构和功能。

任何一个生态系统都不是"死"的，而是"活"的，物质和能量在不断地输入、输出，结构和功能在随着时间的推移而逐渐改变。但是，一个生态系统发展到一定阶段，它的物质和能量的输入、输出又是基本相等，结构和功能又是相对稳定的。

大家都知道微生物的繁殖速度极快。一个细菌如果每隔20分钟分裂一次，1变2，2变4，4变8……36小时内传种接代108代，产出的全部菌体将能铺满地球1尺来厚！

即使繁殖能力最差的大象也照样能说明问题。母象30岁左右才开始生育，一生仅产6胎，每胎仅产1仔，生育能力可谓差矣。但是，如果一切条件适宜，随便让它繁殖，后代个个成活，那么250年后，一对大象的后代就会有上千万头，比现在地球上所有活着的大象的总数还多得多！

当然，实际上并没有发生这种状况。细菌也好，大象也好，地球上的一切生物几乎都有很强的繁殖能力，但是由于受到许多因素的限制，使得它们的数量总是维持在一定的水平上。

是哪些因素限制着生物数量的增长？在一个生态系统里，既有植物、动物、微生物等生物因素，又有大气、水、土壤以及阳光、温度等非生物因素，这些因素相互作用，相互制约，就构成了生态系统的相对平衡。

大气、水、土壤以及阳光、温度等非生物因素的限制作用是非常明显的，因为任何生物的生存和发展都离不开这些最基本的自然因素，正是由于受这些非生物因素的限制，才使地球上几乎所有生物的生存空间，都被限制在一个很窄很小的范围内，关于生物因素的限制作用，食物链几乎已经告诉了我们一切。

我国有一句谚语，叫做"一山不能存二虎"，很有道理。假定一只老虎一天要吃两只兔子，一年就得吃掉700多只。兔子以吃草为生，而山上的草是有限的，于是兔子的数量也受限制。如果这座山不大，生长的草不多，养活的兔子很少，不够两只老虎吃的，那么它们就会为争食而搏斗起来，直到把其中的一只赶跑为止。

老鼠是人人喊打的，不过它可是草原生态系统中不可缺少的角色。如果鼠类数量过多、大量啃食草根，那就会使食物减少，鼠类死亡率增加，生殖力下降。同时，鼠类过多还会使它们的天敌——鹰、黄鼠狼等得以发展，反过来抑制鼠类的增加。等到鼠类减少到一定程度，草原生态系统才会恢复到原来的状态。

再来看看森林里的情形。

要是森林里的食叶昆虫增加，林木生长就会受到损害。但是，食叶昆虫的增加给食虫鸟类的繁衍创造了条件，而食虫鸟类的繁衍反过来又抑制食叶昆虫的增长，从而使林木生长恢复正常。在原始森林中，食虫昆虫的数量由于受食虫鸟类和其他动物捕食而得到控制，一般总是维持在一定的水平上，不会过分繁殖而对林木造成危害，整个系统是相当稳定的。

你看，大自然的安排多么巧妙！一个生态系统里各种生物和非生物的因素相互联系、相互作用、相互制约，保证了这个系统微妙的动态平衡；即使出现一点外来干扰，它也能通过自我调节或人为控制恢复到原来的相对稳定的状态。

生态平衡又是一种动态的平衡，而不是固定的始终保持原状的平衡，这才能促进系统的演化，推动自然界和我们各项事业的发展和进步。我们平时常说的维持生态平衡，并不只是简单地要保持原来的稳定状态，有时也可以甚至也需要在人为的影响下建立新的平衡，以获得更合理的结构，发挥更高的效能，实现更好的经济效益。

# 生态系统中的物质循环

在生态系统中，我们会发现这样有趣的现象：人类和动物每天都要消耗氧气，可是空气中氧气却没有明显减少；动物每年都要排泄大量的粪便，动物、植物死亡后的尸体也要遗留在地面上。然而，经过漫长的岁月之后，这些粪便和尸体也未堆积如山。原来，在生态系统中存在着奇妙的物质循环。

生态系统中的物质，以或多或少循环的途径在系统中进行运动。所谓循环，是指物质可被多次重复利用。生物从环境获得营养物质，再被其他生物重复利用，最后又回归于环境，从而形成了生态系统中的物质循环。例如，绿色植物不断地从周围环境中吸取各种化学营养元素，完成生长发育。

当食草动物采食绿色植物时，植物体内的营养物质就转入到食草动物体内。同样，当食肉动物捕食食草动物时，食草动物体内的营养物质又转入到食肉动物体内。

当动物、植物死亡以后，它们的残体和尸体被微生物所分解，并将复杂的有机分子转化成简单的无机分子复归于环境，以供绿色植物再吸收，开始又一次循环。正是由于生态系统中存在着永续不断的物质循环运转才使得我们所居住的地球至今仍是清新活跃，生机盎然。

生态系统中的物质循环又称为生物地球化学循环。尽管物质在化学性质上多种多样。

根据循环的特点，可以区分出两类物质循环：气相循环和沉积循环。

气相循环的贮存库主要是大气圈和水圈，氧、二氧化碳、水、氮等的循环都属于气相循环类型。气相循环把大气和水体紧密地连接起来，具有在全球范围内循环的特点，因此是一个相当完善的循环类型。

沉积循环的主要贮存是岩石圈和土壤圈。磷、硫、钙、钾、钠的循环都属于沉积循环类型。沉积循环主要是经过岩石的风化作用和沉积物本身的分解作用，将贮存库中的物质变成生态系统中生物成分可以利用的营养物质。这种转变的过程是相当缓慢的，因此是一个不完善的循环。这两种循环虽各有特点，但也有相同之处，它们都受到能流的驱动，而且也都依赖于水的循环。

# 水循环是生命之母

水循环是指水分子从地球表面通过蒸发，进入大气，然后通过雨雪或其他降水形式又回到地球表面的运动。这是地球上太阳所能推动的各种循环的一个中心循环。

水循环对于地球上的生命具有重大的意义。首先它为陆生生物和淡水生物提供了淡水来源，从地球表面蒸发到大气中的水，遇冷凝结成雨或雪降落下来，注满江河湖泊，并补充地下水源，这些都是陆地和淡水生物所不可少的。

水是最好的溶剂，其他的物质循环都是结合水循环一起进行的。由于水循环和矿物元素的循环如此紧密地交织在一起，以至对水循环的任何干预，都会影响到其他循环。所以保护水循环的完整性是生态环境保护的一个中心问题。水在进行全球性循环时，也影响到地球的热平衡，从而间接地影响到生命的繁衍和扩大分布。

地球上降水的84%是由于海洋蒸发形成的，还有16%是由于陆地通过蒸发、蒸腾形成的；降水中77%的水量由于降雨又直接返回到海洋，23%的水量降落在陆地上。7%的水量降落在陆地上以后，又从陆地通过江河流往海洋。可见地球陆地表面的降雨超过陆地的蒸腾和蒸发，海洋则相应地降水比蒸发少。风从海洋带到陆地的大部分水气在越过山区时凝结降落，来自海洋到达大陆的大量的水又从陆地通过江河流到海洋，从而达到地球上稳定的水平衡。

绿色植物在水循环中的作用是极其巨大的。植物从土壤中吸收的水分，大约有97%–99%通过蒸腾而损失掉。一般的植物每生产1千克干物质就要蒸腾大约1000千克的水分。植物通过蒸腾作用增加了空气中的水分，促进了水的循环。

　　水在农业中的作用是十分巨大的。自古以来，在所有改造农业自然条件的措施中，最容易被人们所理解的，也正是对于水分条件的改善与调节。"兴修水利"、"风调雨顺"、"旱涝保收"成为人们在农业上企盼的目标。

# "生命栋梁"——碳的循环

　　碳是一切生物物质组成的基础，在有机体的比重中，碳占49%，是生命的栋梁之材。

　　在生态系统的各种循环中，碳循环是比较简单的一种。它是由绿色植物的光合作用固定大气中的二氧化碳开始的。绿色植物进行光合作用时，从大气或水中吸收二氧化碳，在光能的作用下，和水形成碳水化合物。这些碳水化合物沿着食物链逐级移动，并被转化为其他形式的含碳化合物。

　　除了人和动物呼吸释放出大量二氧化碳外，植物残体、动物和人的尸体及其排泄物最终会被生态系统中的各种分解者所分解，也释放出二氧化碳，使碳重返大气之中。

　　大气中二氧化碳的含量大约为0.03%。陆地生态系统每年循环的碳量，大约占空气中二氧化碳量的12%左右。作为溶解气体储存在海洋中的二氧化碳超过大气中二氧化碳碳总量的50倍，这一巨大的海洋蓄库在调节大气中二氧化碳方面起了很大作用。

　　碳的另一重要蓄库是岩石的化石燃料（包括泥炭、煤和石油等）。当这些化石燃料被燃烧时，也使得空气中的二氧化碳增加。但从数量上说，大气中大量的碳是通过细菌和真菌分解有机物而释放出来的。

　　煤、石油、木材以及其他含碳物质的燃烧释放到大气中的二氧化碳，加上动、植物呼吸时产生的二氧化碳，也只占大气中二氧化碳总量的一小部分。

　　随着工业生产的发展，大量石化燃料的燃烧，增加了大气中的二氧化碳含量。虽然工农业释放的二氧化碳速率与海洋的交换相比还相当小，但空气中的二氧化碳含量却在慢慢上升。通过各种渠道进入大气的二氧化碳，再被绿色植物吸收，又开始了新的循环。

大气中二氧化碳含量的增加，可能引起种种后果。但对农业生态系统来讲，这种含量的增加，将对农作物的生长产生直接和间接的两种作用。直接作用是使绿色植物能更好地利用光能，使光合作用提到了一个新的水平；间接作用则是通过二氧化碳浓度的增加，影响到大气气候等基本环境要素，从而对农作物的生长产生影响。

# 营养元素——氮的循环

　　氮是植物生长发育不可缺少、最重要的营养元素之一，氮元素的调节也是人类历来影响农业生产最重要的手段。氮从各个方面直接或间接地影响着植物的代谢作用和生长发育。氮是植物体内多种有机化合物的重要成分，例如蛋白质中氮的含量平均占16%-18%，而蛋白质又是构成原生质的基本物质。因此，氮元素是一切生命有机体不可缺少的元素，如果没有氮，也就没有蛋白质，没有生命。而生命有机体中一些其他重要化合物，例如核酸、酶、叶绿素等也都是含氮化合物。

　　氮是大气中最丰富的气体，约占气体的79%，但大气中的氮是惰性气体，并不能被大多数生命物质所直接利用，因此，对生态系统来说，只是氮的无机形式（氨、硝酸盐、亚硝酸盐）和有机形式（尿素、蛋白质和核酸）才是氮循环中决定性的蓄库。大气中的氮只有被固定成为这些无机有机形式，才能被利用于生物过程。

　　在人类采用工业手段固氮以前，生物固氮作用是惟一的途径。就是在大量使用化肥的今天，生物固氮仍是一个重要的方面。计算表明，全世界由工业生产的氮肥每年约3500-4000万吨，而生物固氮量每年超过1亿吨。在每公顷农田的上空，约有几万吨的氮，可惜只有某些特殊的具有固氮酶的微生物，才能够固定氮。这样的微生物在每公顷农田中每年可固氮2-3千克，最高可达5-6千克。正因为如此，生物固氮引起了科学家的极大关注。

　　生物固氮的固定者是少数特殊的有机体——某些细菌和蓝藻。例如寄生在豆科植物根部的根瘤菌能将空气中的氮转变为硝酸盐；100平方米面积的三叶草，一年可将600公斤的氮固定成硝酸盐。还有少数高等植物（胡秃子杨、赤杨、杨梅等）也有固氮能力。某些蓝藻和地衣也具有共生的固氮细菌。有人计算过，全球每年大约有近2亿吨的大气氮被固定，其中大约一半是在农田被固定的。

除了上述少数几种具有固氮能力的微生物以外，大多数植物都不具备固氮能力，而只能从土壤中获得氮。土壤中的氮是落到土壤中的动物粪便和死亡动、植物残体，经微生物分解，转变成相应的无机形式，然后供植物利用的。

自然界氮的固定除了生物作用以外，还可通过闪电、阳光和其他化学过程形成，使空气里一部分氮和氧结合在一起，随雨降落土中，但它的固氮量极小。

在氮循环中，环境中的硝酸盐首先被植物吸收，合成蛋白质以及其他复杂分子中的有机形式，从生产者传递到消费者，最后当消费者死亡后，被微生物分解，氮被释放出来，这时先变成氨，但氨不是土壤的氮源，因为氨在土壤中不能持久，它很容易溶解于水，而迅速被雨水淋走。只有当氨被亚硝酸盐细菌变成亚硝酸盐，以后又被硝酸盐细菌氧化成硝酸盐时，才被植物的根部所吸收。硝酸盐通过反硝化细菌的脱氮作用，又返回大气，成为气态氧，从而完成氮循环。

# 水土中循环的磷

　　磷在植物体内的含量仅次于氮和钾，是作物生长发育最重要的营养元素之一，无论是植物还是动物都离不开磷。

　　磷不仅是动植物机体的组成部分，而且在很多方面不可缺少。比如磷参与光合作用，将太阳能转变为化学能，形成最初的光合作用产物。在植物体内进一步合成多种糖类化合物时，也都需要磷参加。如果缺少了磷，一系列的转过过程和合成作用就无法进行。

　　磷的主要蓄库是岩石的天然磷矿，鸟粪和动物化石中也含有磷，由于风化、浸蚀作用以及人们的采矿活动，磷被释放出来，并溶于水中，形成可溶性磷酸盐，随地表径流最后流入海洋。植物是直接从土壤和水中吸收磷酸盐的，并经由食草动物、食肉动物和人而形成循环。动植物死亡后，机体内磷的有机化合物被细菌分解为无机磷化合物，然后重新被植物吸收又开始了新一轮的循环。

　　磷的循环只涉及生态系统的土壤和水，进入海洋中的磷就停留在深海沉积物中结束循环。虽然通过海鸟的排泄物和被人类捕捞的鱼，海洋中的部分磷酸盐返回到陆地，但大多数是损失掉了。所以磷循环的总趋势是陆地上的磷越来越少，海洋中的磷越来越多。

　　在生态系统中，生物体对磷的需要量是很大的。在农业生态系统中，由于农畜产品的出售，往往造成磷的短缺，而必须适时地加以补充。磷是农作物生长所必需的三大营养要素（氮、磷、钾）之一，特别是磷的缺乏，使氮的肥效也大大降低。在农业生产中，我国普通存在氮多磷少的情况，影响产量的提高。

# 生命之本——氧

　　氧是地球上最多的元素，几乎占地壳总重量的一半。浩瀚的大海，嶙峋的山岩，茂密无边的森林，乃至千姿百态的飞禽走兽、花鸟鱼虫……都由氧充当主要材料。水由氧和氢组成，泥土是硅的氧化物，而氧又与碳、氢变化成纤维、糖类、蛋白质等几百万种有机化合物。没有氧，就没有世界。

　　游离的氧气是空气的两大主要成分之一。人在没有氧气的情况下，几分钟也活不下去。据统计，成年人每分钟呼吸16次，每次大约吸入半升氧气，一天需要吸入1万多升氧。

　　氧气在24公里的高空，受到太阳光的辐射，形成臭氧层。臭氧和氧气是同宗兄弟，都由氧原子组成。尽管臭氧只占那儿空气的400万分之一，但是由于它的生成，吸收了大量紫外线，使太阳光到达地面时，紫外辐射大大减弱，不再危及人类和生物，保护了生命万物。

　　氧循环是比较简单的循环，它首先通过动植物和微生物的呼吸作用从大气中吸取，再通过绿色植物的光合作用而归还大气。绿色植物大约每年释放近3000亿吨氧。

　　从物质循环中可以看到，有机体维持生命所需要的基本元素大都是以矿物质的形式被植物从空气、土壤和水中吸收，然后以有机物质的形式，在生物之间转移。当动植物有机体被分解时，它们又以矿物养分的形式归还到空气、水和土壤中，被植物再一次吸收利用。这样，物质在生态系统内一次又一次地循环，推动着生态系统维持正常的运转。

# 微生物变废为宝

　　在我们日常生活中，废物利用的例子很多。但是农业生产中有许多"废物"，既不能食用，又污染环境，如畜禽粪便和一些食品加工下脚料等。那么，这些废物又是如何被重新利用的呢？人们很久以前就找到了一种通过微生物发酵，使废物转化为有用物质的方法，这就是兴办沼气。

　　沼气是有机物在厌氧条件下，被微生物分解发酵生成的一种可燃气体，它的主要化学成分是甲烷。人工制造的沼气，含甲烷60%，二氧化碳40%，还有微量的氢、氮、硫化氢和一氧化碳等气体。沼气是一种优质气体燃烧，可以直接燃烧，是农村很好的能源。经沼气发酵后的有机残渣和废液（即沼渣和沼液），可作为家畜、家禽及鱼类的饲料和某些食用菌和蚯蚓的培养基，还可作为一种优质的有机肥料。

　　沼气发酵是一个复杂的过程。供沼气发酵的原料，如人畜粪便、农作物秸秆、杂草和含有大量有机质的废水、废渣等。有机质，受到多种微生物的共同分解作用，如纤维素菌和各种分解菌的通力合作，其中纤维素菌能产生一种纤维素酶，首先使纤维素溶解而变成葡萄糖。蛋白质分解菌专门负责把蛋白质变成氨基酸。乙酸菌能生成乙酸、氢和二氧化碳。这些分解物都是由烷菌的养分，最后由甲烷菌来产生甲烷。

　　制造沼气的原料都是一些有机废弃物，本来是一些污染环境的废物，经过利用，反而变废为宝，既解决了环境污染问题，又可获得优质燃料（能源），而且沼气原料发酵后的沼液和沼渣还分别是宝贵的有机肥料和饲料。在沼气发酵过程中，还能杀灭粪便中的寄生虫卵等有害病原体。因此，兴办沼气可以一举多得。特别是在促进物质在生态系统中的良性循环，保护生态环境和提高资源与能量利用率，缓解农村能源紧张状况等方面，显示了良好的综合效益。

# 氮与水体"富营养化"

从氮的循环过程我们知道，人类可通过人工固氮，大量生产氮肥和施用化肥，来提高农业产量。但是，过量施用甚至滥施氮肥会带来严重后果。当生态系统中的一部分氮由于淋溶或流失等原因，由土壤进入水体，可引起水体富营养化，造成污染。

在夏天，我们常常可以看到这样的现象，原来好端端的鱼塘，一夜之间鱼竟会成批死亡，这是怎么回事呢？

要解开这个谜，还得从生态学的角度来谈。池塘是一个包括有水草、藻类、小虫和鱼虾等生物的生态系统。白天，水草和藻类在阳光下进行光合作用，同时放出大量氧气，鱼儿在氧气充足的水域里游来游去，显得十分自由自在。但是，一到夜间，由于光合作用停止，水草和藻类不但不放出氧气，而且还与鱼虾争夺氧气，于是，水里的溶解氧就明显地减少了。一般来说，水体里是不至于缺氧的；但是，人们都在不自觉地向环境中输入各种形式的含氮等营养元素有机物。农田中流失的化肥，下水道排泄的营养物，畜禽加工厂和大型畜牧场排放的污水中，以及人畜粪尿中都含有大量的有机物质。上述物质中所含的氮元素就会在自然界不断的运动，有的被农作物或其他陆生植物所利用，有的直接或间接地流入各种水域里。向水域加入适量的含氮等营养元素的物质无疑是好事，因为这些含氮的物质能促使水中浮游生物生长，为鱼儿提供充足的"食粮"。

但是，氮过多就会造成江河湖泊过分"肥沃"，当它们的含量超过水体的自净能力时，就在水中积累起来，成为某些细菌，从而引起"富营养化"问题。在富营养化的水域里，由于水中浮流生物过分繁盛，藻类大量增殖，即出现所谓"开花"现象（在海洋中发生则称为"赤潮"）。在这些藻类死亡后，分解细菌的活动又要消耗大量氧气，于是池塘里的氧就显得不够用了。由于分解作用过多地消耗水中的氧气，再加上夜间光合作用停止，大大减少了水中氧气的来源，所以就发生了鱼儿憋死的事情。同时，还可能使河流成为臭水浜，由此可见，水体富营养化是氮循环失调，氮在局部水域累积过多引起的麻烦。

农田中化肥施用过多，使大量化肥流失，是造成富营养化的主要原因之一。因此在农业上必须合理适量地施用化肥，提倡配方施肥，与施用有机肥相结合，以提高化肥利用率，减少流失，避免污染。

# 生态系统中的微生物

　　微生物能把动植物遗体和动物粪便分解并转化，使各种元素又归还自然界。这正是一些元素虽经动植物千百万年的消耗而又永不枯竭的原因。动植物来自大自然，又归还到大自然，这就是生态系统平衡的过程。这个平衡过程主要是依靠微生物，尤其是细菌来维持。现在，人们在同环境污染进行战斗中，多利用微生物来"吃掉"工业废水和生活污水中的有害物质。没有微生物，生态平衡就要破坏，一切生物都无法生存。

　　小小的微生物所以有这样神奇的本领，都是因为微生物体内的"魔术师"——酶在起作用。酶是生物细胞合成的特殊的蛋白质，是一种高效能的生物催化剂，是生物体内新陈代谢，物质合成、降解、转化不可缺少的物质。每个生物细胞都含有各种各样的酶，组成了复杂的酶体系。像一把钥匙开一把锁一样，一种酶专门催化某一反应。例如，淀粉酶只能使淀粉水解，蛋白酶只能使蛋白质水解，等等。生物体内的几千种酶，各司其职，才使生物体这部复杂精密的"机器"能够有条不紊地运转。微生物细胞依靠其分泌的生物酶的催化作用，使尸骸、粪便等有机物很快氧化、分解，并作为营养经细胞壁吸收到体内。在酶的作用下，部分有机物进一步氧化成简单无机物，又回到自然界，被动植物重新利用。

　　微生物是人类战胜环境污染与有害生物的帮手。在适宜的温度、湿度等条件下，细菌大约每隔20分钟就繁殖一代，一个细菌一天之内就会变成几亿个细菌。因此，尽管在战斗中它们多有"牺牲"，但依然能随时保持

"千军万马"，丝毫不减其声势。

在被污染的环境中，微生物能对大量污染物进行转化、降解、同化、异化，从而消除其污染。人类在生产过程中，排放出大量有毒、有害的污水，其中含有汞、镉、酚、氰、农药等，使天然水体遭受不同程度的污染，人们有意识地去选择、培养那些能处理各种有毒物质的细菌，去"吃掉"污染物。这种学习自然界里自净的方法，称之为生物处理法。生物处理法比其他化学的和物理的处理法投资省、操作简便、效果稳定，因此污水的生物处理得到了广泛的应用，随着人们的不断探索，微生物净化技术获得了很大发展，利用基因工程创造了许多"超级菌"，赋予它们多种功能，从而把微生物消除污染的能力提高到了一个新的水平。

# 生态系统中的动物

　　动物在生态系统中是次级生产者，它除了生产营养丰富的奶、肉、蛋、皮毛等产品外，还能将人们不能直接利用的物质转变为人们可以利用的产品，起到转化和浓缩营养物的作用。同时，它们在改善环境、维护生态平衡中也发挥着重要作用，在生态系统中是不可取代的组成部分。

　　就拿蚯蚓来说，它是地球上一种很有价值的动物。蚯蚓的养殖可构成一个高效能的人工生态系统，是生态工程的重要组成部分。它与沼气、食用菌被称为生态农业的"三大部件"。各种有机废物均可通过蚯蚓的生长繁殖化害为利，对维护生态平衡有重大作用。

　　蚯蚓，又名"地龙"。它有极强的生命力和繁殖力，一条蚯蚓一年可增殖一千至几千条。蚯蚓可以改良土壤，能起到疏松土壤、增加有机肥分的作用，对农作物的生长非常有利，被称为不耗费能源的"无声耕耘机"和"改造土壤的专家"。蚯蚓是处理家畜粪便、生活垃圾和食品工业下脚料的"环保专家"，它们既可解决环境污染，又能生产肥料与饲料，可谓是一举多得。

　　人们经过研究和试验，发现可利用蚯蚓来分解固体废物，包括其他生物难以分解的纤维素。蚯蚓有惊人的消化能力，喜欢吃粪肥和有机废物，除了玻璃、金属、塑料、橡胶等物质外。据试验，蚯蚓能分泌出一种可以分解蛋白质、脂肪和木质纤维的特殊酶，具有迅速分解和消化食物的能力，使得吃下去的东西，在很短的时间里，就能变成粪肥排出体外。而蚯蚓的粪便是一种很好的天然肥料，富含氮、磷、钾营养元素。20世纪70年代，一个叫克劳克的加拿大人养的蚯蚓每星期能吃掉20吨垃圾，并获得20

吨蚯蚓粪，将粪拌入其他原料包装后，在市场上成为抢手的养花肥料。

美国以养殖蚯蚓著名的皮特蚯蚓养殖公司，设计了一种用蚯蚓来快速处理垃圾的"迷宫塔"。这种呈八角形的塔式建筑物直径11米，每层30厘米，可建60-80层，每层用塑料隔板做成网状的迷宫系统，便于蚯蚓在迷宫中运动而提高处理垃圾的速度。塔内每条蚯蚓平均每天可吃掉0.5克的有机废料。每层有单独的垃圾进料口，每一个迷宫塔中可养200万条蚯蚓。据试验，一座高24米的迷宫塔可以处理掉10万人的生活垃圾。

人们还发现，蚯蚓可以作为土壤中重金属污染的"监测动物"。当重金属元素的污染达到威胁庄稼生长的程度时，蚯蚓会首先以身"殉职"，以此向人们发出警告。

野生动物的保护与生态平衡是息息相关的。野生动物种类繁多，数量庞大，分布广，处于生态金字塔的不同营养级水平上，它们之间的食物链是极其复杂的，即使是表面看起来益害不明显，甚至是有害的种类，如果绝灭一种或捕猎过多，就会牵一发而动全身，同时会通过食物链的关系而破坏生态系统的平衡。以农业生态系列为例，如果要保持其生产能力，不但要有良好的土壤和小气候条件，同时还必须保持适量的有益动物、昆虫等及其生存环境。如果过度地使用农药，引起有益动物、昆虫的消失，就会导致生态平衡破坏，害虫、鼠害猖獗，农林牧业生产下降。例如种类繁多的鸟类，大部分是消灭农林害虫的益鸟，在维持自然界的生态平衡方面有十分重要的作用。例如啄木鸟被人类公认为森林中的"医生"，一对啄木鸟可以保护500亩的树林免遭虫害。一只猫头鹰一年可消灭1000只老鼠，相当于保护1吨的粮食。林区内的穿山甲，以白蚁为主食，据测定，一只穿山甲每天要吃数10万只以上的白蚁，可以保护100亩以上的马尾松林不受白蚁危害。

# 森林是大自然的"调度师"

覆盖在大地上的郁郁葱葱的森林，是自然界拥有的一笔巨大而又最可珍贵的"绿色财富"。

人类的祖先最初就是生活在森林里的。他们靠采集野果、捕捉鸟兽为食，用树叶、兽皮做衣，在树枝上架巢做屋。森林是人类的老家，人类是从这里起源和发展起来的。

直到今天，森林仍然为我们提供着生产和生活所必需的各种资料。估计世界上有3亿人以森林为家，靠森林谋生。

森林提供包括果子、种子、坚果、根茎、块茎、菌类等各种食物，泰国的某些林业地区，60%的粮食取自森林。森林灌木丛中的动物还给人们提供肉食和动物蛋白。

木材的用途很广，造房子，开矿山、修铁路，架桥梁，造纸，做家具……森林为数百万人提供了就业机会。其他的林产品也丰富多彩，松脂、烤胶、虫腊、香料等等，都是轻工业的原料。

我国和印度使用药用植物已有5000年的历史，今天世界上大多数的药材仍旧依靠植物和森林取得。在发达国家里，1/4药品中的活性配料来自药用植物。

薪柴是一些发展中国家的主要燃料。世界上约有20亿人靠木柴和木炭做饭。像布隆迪、不丹等一些国家，90%以上的能源靠森林提供。

森林的更大价值，还在于它保护和改善了人类的生存环境。

不妨说，森林就像大自然的"调度师"，它调节着自然界中空气和水的循环，影响着气候的变化，保护着土壤不受风雨的侵犯，减轻环境污染给人们带来的危害。

森林不愧是"地球之肺"，每一棵树都是一个氧气发生器和二氧化碳吸收器。一棵椴树一天能吸收16公斤二氧化碳，150公顷杨、柳、槐等阔叶林一天可产生100吨氧气。城市居民如果平均每人占有10平方米树木或25平方米草地，他们呼出的二氧化碳就有了去处，所需要的氧气也有了来源。

森林能涵养水源，在水的自然循环中发挥重要作用。"青山常在，碧水长流"，树总是同水联系在一起。降下的雨水，一部分被树冠截留，大部分落到树下的枯枝败叶和疏松多孔的林地土壤里被蓄留起来，有的被林中植物根系吸收，有的通过蒸发返回大气。1公顷森林一年能蒸发8000吨水，使林区空气湿润，降水增加，冬暖夏凉，这样它又起到了调节气候的作用。

森林能防风固沙，制止水土流失。狂风吹来，它用树身树冠挡住去路，降低风速，树根又长又密，抓住土壤，不让大风吹走。大雨降落到森林里，渗入土壤深层和岩石缝隙，以地下水的形式缓缓流出，冲不走土壤。据非洲肯尼亚的记录，当年降雨量为500毫米时，农垦地的泥沙流失量是林区的1000倍，放牧地的泥沙流失量是林区的3000倍。我们不是要制止沙漠化和水土流失吗？最有效的帮手就是森林。

森林还是改善环境、抗击污染的"主将"。

樟树、夹竹桃、丁香、枫树、刺槐、臭椿、桧柏、女贞、橡树、红柳、木槿、榆树、马尾松、法国梧桐等都有很强的吸收二氧化硫、氯气、氟化氢等有毒有害气体的能力。这些气体通过绿化林带，通常有1/4可以得到净化。

树叶通过其上的绒毛、分泌的粘液和油脂等，对尘粒有很强的吸附和过滤作用。每公顷森林每年能吸附50-80吨粉尘，城市绿化地带空气的含尘量一般要比非绿化地带少一半以上。

许多树木能分泌杀菌素，如松树分泌的杀菌素就能杀死白喉、痢疾、结核病的病原微生物。闹市区空气里的细菌含量，要比绿化地区多85%。

林木还能吸收噪声。一条40米宽的林带，可以降低噪声10-15分贝。

森林既能提供食物、医材、燃料、原料，又能防风固沙，保持水土，促进退化土地复兴，提高农业生产能力。所以说，森林是人类和自然持续发展的保证。

你看，树木既能美化环境，改善小气候，又有吸尘、消音、除污、防疫，制造新鲜空气，城市居民如能生活在一个绿树成荫、繁花似锦的绿化环境里，实在是一大幸运。

森林是如此重要，以致联合国粮农组织把"森林与生命"定为1991年世界粮食日的主题：不是以植树本身为目标，而是要表明森林如何能帮助人类实现持续发展的目标；要强调森林有持久生产力的作用，即在为后代保存资源基础的同时，满足现在生产不断发展的需求；要提请人们认识森林不仅能提供粮食、燃料，而且具有最根本的保护环境的价值。

如果没有森林，陆地上绝大多数的生物会灭绝，绝大多数的水会流入海洋；大气中的氧气会减少，二氧化碳会增加；气温会显著升高，水旱灾害会经常发生……

一句话，没有森林就没有生命。

# 人类在生物圈中的地位

人工生态系统与自然生态系统的区别是十分明显的。首先是生物成分中的变化。生态系统中的各个生物是以食物链为纽带而相互联系的，它们彼此间又可按能量利用的效率排序，构成"生态金字塔"。处于生态金字塔的顶极位置的，是一些捕食能力特强的动物，如狮子、老虎等。

如今，这个角色由人类取而代之了，人类已成了食物链的终端环节，登上了生态金字塔的顶峰。这样，人类的生存需要强烈影响着生态系统中的一切生产者和消费者，以及通过食物链（网）运行的能流和物流。

其次，在构成生态系统的自然环境中，出现了日益扩大的人造环境。人类和其他生物一样，也必须从自然界摄取物质、能量来满足自己的生存需要。

人类在实现这一目的的时候，总是要通过对自然环境的改造，而不像其他生物那样，直接利用原始的自然条件。人造环境使人类获得越来越丰富多彩的物质、文化享受，甚至使人的生活超越了时间（季节）和空间距离的限制，变得越来越可以随心所欲。如今，没有打上"人造"烙印的纯粹的大自然已不多了。

生态系统结构上发生的以上两方面变化，对物质与能量流动的影响十分巨大。人类在生态金字塔中独一无二的地位，使他们有可能最大限度地利用一切可以利用的物质资源，来满足日益增长的人口和不断提高的营养标准对食物的需要。这就强化了食物链（网）上的能量和物质流动。其结果连非食物形态的能量和物质，也被引入了生态系统。

例如，人类开发、利用自然界的煤、石油等矿物能源，生产农药、化肥等来发展农业生产。在科学技术的帮助下，人类按照自己的需要，以空前的规模和速度对自然界进行开发利用，从而造成了生态系统中高强度的能量和物质流动。

人工生态系统和发达科学技术的出现，并不是自然生态规律不起作用了。人类始终无法摆脱对自然界的依赖。人类仍然是生物界的一员，只能靠生态系统中能量和物质的合乎规律的运行才能生存发展。

人类的智慧和科技技术确实大大提高了能量和物质流动的效率，但这是以遵循而不是违反自然生态系统的运行规律为前提的。当今世界，由于人类对此没有足够的认识，已造成了种种生态恶果。

例如，现代农业的发展，过于依赖工业提供的化肥、农药和燃料油等矿物能源，结果使不可更新资源的短缺更为严重。这样人类可以享用的物质财富确实更加丰裕充实，但人类自身也迅速增殖，人口不断膨胀。与此同时，自然界却变得越来越萎缩、衰竭，土地减少、淡水紧张、能源短缺及生物多样性急剧消失等呼声迭起；绿色减少，污染加剧，生态环境恶化，使人类的生存受到了严重威胁。

经济高速发展、人口过度增长、自然资源逐步萎缩和环境污染日益严重，这几个主要过程的发展以及它们之间的相互影响、相互作用，正在形成一个恶性循环的怪圈包围着人类，威胁着人类的生存与发展。

# 农业和人工生态系统

农业生态系统作为一种人工生态系统，不仅有生物（植物、动物、微生物）成分和非生物成分（光、热、水、气、土等环境条件），还包括人类生产活动和社会经济条件，是这些复杂因素组成的统一体。农业生态系统不仅将一个区域（这个区域可大到一个国家，小到一个乡或自然村）内全部的农业、林业、畜牧业、渔业、工副业等都包括进去，而且还和社会经济系统密切结合起来。

由于农业生态系统研究的主要对象也是植物（作物、林木等）与动物（家畜、家禽等），也是在一定的自然环境（气候、土壤等）制约下进行的，因此它与自然生态系统有着密切的关联与许多相似之处。

在自然系统中，初级生产者一般总是由多种绿色植物所构成，消费者的营养层次也较多，种类丰富，生物间的联系十分复杂；在农业生态系统中，生产者不多，大多由一种或几种农林作物构成，比自然系统的生物构成单纯得多。

自然生态系统中的生物群落的发展和演替不以人类的需要为目标，因而生物间的关系逐步复杂化；而农业生态系统则是以特定作物的生产为目的，其发展方向是要生产人类所需要的产品，因此就必须人为地阻止自然变迁、演变的发生，如须人工除草、防止病虫鼠害等。

自然生态系统的生产者、消费者、分解者之间有一定的物质平衡，物质循环多少是自我完结的。与此相反，农业生态系统随着农畜产品的出售，一部分营养物质转移到系统之外，损失的部分必须人为地加以补充，如施肥等，以此维持生态平衡。

农业不仅受到自然生态规律的支配，也必然受到社会经济规律的支配。因此，和自然生态系统不一样，经济因素成为整个农业生态系统中绝不可少的，并且是十分重要的环节。

农业环境与农业生物是农业生态系统中的两个基本方面。两者之间的关系十分密切，农业环境质量的好坏直接制约着农业生产水平的高低和发展。同时，我们可以利用丰富多彩的生物种类及其不同的品种去适应千差万别的自然环境；还可通过调整农业结构、种植布局、品种改良等使农业生物适合农业环境；通过土壤改良、施肥、灌溉防止病虫害等措施，使农业环境适合农业生物的生长。而农业生物也能反过来对农业环境产生深刻的影响，如改变气候、提供土壤有机质等。

# ◎ 保护自然 ◎

在人类还不能完全征服自然的今天，人类只有在保护自然的前提下，对自然进行改造。

人类是自然的一分子，保护自然就是保护自己的家园；改造自然，使人和自然和谐相处……

# 鸟类为什么大量死亡

　　被誉为南美洲"飞禽王国"的秘鲁，西临太平洋，海岸线长达2254公里。沿岸海域的许多小岛上，栖居着数不清的海鸟，其中最著名的要数钦查群岛，它是闻名拉丁美洲的"鸟岛"。从早到晚，岛上鸟儿起落往来不绝，每天被海鸟吞吃的鱼虾达1000多吨。上百种羽裳斑斓的飞禽密密麻麻地栖居岛上，使整个鸟岛宛如一幅绚丽而多变的彩色地毯。有时鸟儿受惊全岛鸟儿纷纷起飞，黑压压地遮天蔽日，颇为壮观。

　　数千年来，海岛通过微生物、鱼类这条食物链保持着繁荣和生态平衡，可不知从什么时候起，海鸟周期性地大量死亡。1965年的冬天，这种周期性的现象，再次发生，鸟岛一带的1600万只海鸟，只剩下400万只。

　　海鸟的大量死亡，又导致鸟粪相应减少，使得以鸟粪作肥料的秘鲁等地农业生产受到很大损失。同时，渔民捕鱼量锐减，由过去的1000多万吨降到几百万吨，经过几年时间鸟岛才能建立新的生态平衡，恢复原来的面貌。

　　为什么鸟类会大量死亡？经调查，每当鸟的死期临近时，秘鲁海域有一股从北方来的强大中美洲暖洋流，使秘鲁沿海水域的水温、含盐量和其它成分发生变化，造成浮游生物、藻类大量死亡，海水发臭，鳗鱼大量死亡，使海鸟无食而饿死。

　　这股暖洋流为什么在秘鲁海域出现？由什么原因引起？众说纷纭。有人认为这与海底周期性火山活动有关，有人认为这与近几十年来，南极夏令气候紊乱有关。

　　自然灾害是一种普遍现象，是由自然因素造成的。但自从地球上有了人之后，自然灾害又因为人的活动增加而增加。

# 火山爆发后

自然灾害往往是突然降临，且能量巨大，使人们无法预料或来不及预防。如大家所熟悉的火山、地震、滑坡、泥石流、洪水、干旱、台风、暴雨、冰雹、森林火灾、海洋愤怒等，都是这样发生的。

1991年5月24日，沉睡200年的日本长崎县的云仙岳火山苏醒，不时地低声怒吼，喘着粗气、冒着白雾，仿佛是对人类破坏自然和谐、宁静表示愤怒。火山的活动吸引了大批的记者、火山专家、消防警察以及看热闹的游客。这些火山专家中，有来自法国的一对夫妇，夫妇俩30年来不懈地与火山恶魔进行斗争，对最险恶最活跃的火山活动，进行实地观察和研究，为人类治服和利用火山爆发时发出的巨大能量作出了卓越的贡献。

6月3日下午，火山恶魔发出短暂的警告喷射之后，终于狂吼了，顿时，天空中黑烟滚滚，高温熔岩喷到高达几百米的天空，火红的熔岩雨从天而降，扑向附近村庄。山坡上的岩浆沿坡而下，以每小时200千米的时速向前推进，岩浆所到之处，房屋被毁，树木烧焦。大量村民纷纷夺路而逃。事过之后，火山口仍在冒着烟雾，并发出喇喇的声音，好像太累了，要休息一会儿。

这次火山灾害，造成几十公里范围内无人烟，死伤者无数。那些前往采访的记者，探索火山活动的专家，维持秩序的警察，以及好奇的游客，都没逃脱厄运，统统葬身于岩浆之中。但这次火山喷射，如果与1985年发生在哥伦比亚的火山喷射相比，不过是小巫见大巫。

1985年11月13日，在哥伦比亚首都的德鲁兹火山沉睡近400年之后，以狂暴的姿态苏醒过来，火山烟雾气体直冲到近万米的高空，几个钟头之内，2万人死亡，无数人受伤或无家可归。拥有2.25万人的阿米洛镇，在火山平息之后，消失得无影无踪，方圆80千米范围的所有生命，被泥石流、泥石雨、岩熔横扫一空。

火山活动虽然可怕，但并不是没有办法减轻或防止其危害。上述两次火山灾害，人们都预测到了，只是对火山的爆发大小和时间还不能准确预报，加之种种原因，没有采取疏散财产和人员的措施，才造成了生命财产的重大损失。如果我们一旦掌握了火山活动的规律，能利用火山爆发的能量来发电。到那时，人们将不会忘记为制服火山活动而献身的专家们。

# 可怕的地震

1976年冬，春节刚过，我国有的地区传来桃花开花、竹子开花的消息，大家闻讯纷纷前往观赏，人来人往，络绎不绝，年轻人只感到新奇和热闹，而老年人则对这种变异现象坐立不安，议论纷纷，似有大灾难将要降临。果然，全国许多省都在闹地震，搞得全国上下人心惶惶，但都不知地震何时、何地发生，强度如何。唐山居民盖了各式各样的防震棚，几个月过去，地震依然没有发生，人们长时间紧张的心情开始松懈，由防震棚搬入房中。7月28日晚，地壳终于开始颤抖，一夜之间，100多万人口的唐山市几乎被夷为平地。唐山发生的7.8级地震，死亡24万多人、伤残30多万人。噩耗传来，全国上下处于惊愕和悲痛之中，纷纷捐款，拯救幸存的唐山同胞。

世界上每几年就有一次特大地震。对地震灾害进行预报，减轻危害是完全可做到的。我国古代对地震的研究工作曾处于世界领先地位，世界第一台地震仪就在我国诞生。在美国和日本，地震预报和震灾预防工作相当出色，美国的加州和日本和东京处于地震活跃地段，可每次大地震造成的损失都相当小，因为他们建造了大批能抗八级地震的住房。

我国地震预报经验十分丰富，比如民间有"鸟禽不进窝，狗儿汪汪叫，天空闪白光，井水往上冒，眼看地震快来到"的顺口溜。

在唐山大地震中，就曾发生过一个奇迹，处于地震中心的一个村庄，房屋全部倒塌，却无一个伤亡。原来这个村有一位教师利用村中的一口井观察水质和水位的变化，同时结合动物的异常现象，地震前向所在大队领导提出全体村民离开家里的建议，领导采纳了这个建议，全村人得救了。

　　这在当时，无论是建议者，还是采纳者都需要有勇气和见识，正是这种勇气和见识，减轻了大自然灾害造成的损失。

# 森林大火的警示

提起火焰山，大家就会想起我国古代名著《西游记》中的描述：神通广大的孙悟空去火焰山灭火时，烧伤了自己的屁股，使悟空深感恐惧。我们这里要讲的"火焰山"却是20世纪80年代发生在我国大兴安岭的一场森林大火灾。

1987年春节刚过去，火神便开始窥视大兴安岭森林。森林中林木丛生，干枝和干叶比比皆是。加之几个月的气候干燥，阵阵大风刮个不停，好似万事具备，只欠东风了。1987年5月火神急不可耐地降临了，依靠强劲的风力，火势迅速向森林漫延，由几米范围扩大到几十千米、几百千米的范围。熊熊的烈火，伴随着滚滚的浓烟，把天空烤得通红。滚烫滚烫的气浪不断袭击灭火的人群，给人工灭火带来困难。大火无情地吞噬着森林，火情牵动着全国人民、乃至世界一切爱好大自然的人民的心弦。人们痛苦、焦虑，纷纷献计献策，但大火依然向森林深处推进。最后虽然扑灭了森林的大火，可时间的指针却跳过了25个昼夜。

这令人难以忘怀的25个昼夜给我们带来了什么？请看下面数字！101×108平方米森林变为焦土，占整个兴安岭林木总面积的1.5%至2.5%，直接经济损失5亿元。此外，烧毁房屋61.4万平方米，各种仪器2488台，粮食650万斤，桥梁67座，成材木85.5万立方米，200人死亡，200多人受伤，5万人无家可归，涉及范围达几十个县。

其实，森林火灾不光在我国发生，在世界各国都时有发生。不分贵贱、不分贫富，只要有条件，火神可以光顾每一座森林。森林火灾有大有小，森林火灾的发生有自然原因也有人为因素。全世界每年有千万次森林和丛林着火。从1954年至1963年期间，美国约发生120万次火灾，烧掉24×10平方米的森林；我国从1950年至1978年间，森林火灾共发生46万多次，平均每天45次，累计受灾面积3000多亿平方米，这次兴安岭火灾是解放以来最大的一次，除自然条件外，人工因素起了重要作用，如一位林工随地扔了一个烟头，有人进入要区烧火做饭没有熄灭火种等。这难道还不足以引起那些在山上随意点火、抽烟、野炊的人们三思和警醒吗？

# 人类在承受"上帝的报复"

自然灾害不仅造成局部环境破坏和人类生命财产损失，还造成生物大量灭绝。

在太古代，荒凉的地球像月亮一样，没有生命。由于造山运动和火山爆发，地球表面分化出了湖泊、海洋和陆地。水开始在地球表面与大气之间往复循环，使天空中出现雷鸣电闪，大地上风雨交加。在阳光和雷电的作用下，各种各样的有机物开始产生，他们在海洋、湖泊中累积，发生复杂的化学聚合反应后地球上开始出现生命。

这些生命主要是厌氧发酵生物，这些生物从环境中吸收养料，并向空气中放出大量甲烷、氨、一氧化碳和二氧化碳气体。这些气体在天空中的浓度越来越高，促进了以氨为养料，太阳光为动力的呼氧生物的兴起，呼氧生物放出氧气，使原始的厌氧生物几乎全部灭亡。

另一方面，空气有氧之后，促进了消耗氧气的单细胞动物和微生物的生长。这样在地球上就有了产氧生物和耗氧生物，耗氧生物排出的二氧化碳正好被产氧生物利用，保证了大气中氧气和其它气体的平衡。从此地球上形成了由生产者——消耗者——分解者组成的生态平衡。生产者主要是植物和藻类，消耗者主要是动物，分解者主要是微生物。微生物的作用主要是对生产者和消耗者的死体进行分解，保持物质循环。

距今6亿年左右，地球环境发生了一次灾难性的巨变，造成77%的生物物种灭绝。奇怪的是，这次生物物种的大量灭绝，导致无脊椎动物的兴起，地球进入三叶虫繁荣、鱼类兴盛的时代，随后水生物登陆成功，出现了蕨类植物和裸子植物。

过了几亿年，陨石撞击地球，使天空中布满了尘埃，阳光被尘埃散射，地表生态环境恶化，结果生物属的灭绝率达82%，种的灭绝率达95%，这次灾难之后，地球上爬行动物、恐龙和裸子植物大量繁殖。

到了6500万年，外来陨石再次光临地球，全球气候变异，大批生物随之销声匿迹，生活了一亿年的恐龙也退出了生命的历史舞台。这次灾难，生物属灭绝率为48%，种的灭绝率为90%，其中银杏、苏铁等裸子植物几乎全部灭绝。这次灾变之后，哺乳类和灵长类动物开始繁殖。

由此之后可见，自然灾害可以摧毁原有的生命，同时，又可以促进新生命由低级向高级方向发展形成新的生态平衡。我们目前的环境就是地球几十亿年的进化和人类不断改造自然环境的综合产物。

自从几十万年前的灵长类动物进化成人之后，人类与自然灾害进行了长期不懈的斗争，取得伟大的成绩。但同时由于无知、藐视自然规律，肆无忌惮地攫夺自然界提供给我们的资源，造成了对生态环境的巨大破坏，增加了自然灾害发生的频率和危害程度。

如今，我们正品尝前人破坏环境给我们带来的恶果，同时，我们又在享受现代化带来的成果的同时，破坏着环境。我们简直不敢想象，当生命史上的大灾难再次降临时，难道希望有别的生物来取代人类吗？如果我们想维持人类在地球上长久生存下去，那就要做保护地球的主人，使地球现有的生命和平相处代代相传。

# 用生物保护生态环境

"螳螂捕蝉，黄雀在后"是我国古代对自然界生态系统的最形象的描述，蝉——螳螂——黄雀，三者组成一个最简单的生态系统，在这个系统中，蝉、螳螂、黄雀在正常情况下总是保持数量上的相对稳定，也就是常说的生态平衡。

其实，自然界本身就是一个大的生态平衡系统，自然界的一切物质在这个生态系统中都保持相对稳定的数量。下面我们举两个例子说明。

早期，美国有一座供总统狩猎的国家公园，园中有鹿、有狮，长期以来鹿和狮子的数量和公园的林草保持相对的稳定。

有一位总统在狩猎时，无意间看见狮子撕吞活鹿的残忍景象，这位总统心血来潮，下令杀死园中所有的狮子，想让鹿过一种没有风险的宁静生活。没想到，几年之后鹿大量繁殖，把公园的草地吃得精光，显出一种荒凉的景象，最后，不得不再次从非洲引进狮子，荒凉的公园又恢复了昔日的秀丽。

在20世纪60年代，澳大利亚东北部和太平洋的珊瑚曾经被棘星鱼大量吃掉，马绍尔群岛、菲律宾群岛以及塞班岛、斐济岛等岛屿附近的珊瑚也被大量吃掉，影响了鱼的栖息，渔民因捕捞不到鱼而减少了收入，经调查，原来是人类大量捕食海螺、盔贝、大蚌等棘星鱼的天敌，导致了棘星鱼大量繁殖。这时减少或停止对海螺等棘星鱼的天敌的捕捞，大量的棘星鱼作为海螺的食物，为海螺繁殖创造了条件，不久打破了的平衡又得到了恢复。

提起蜣螂，也许知道的人不多，但提起屎壳螂（蜣螂的俗名），中国人无不知晓。由于它以吃屎为生，大多数人都看不起它，觉得它是一种无用的可怜虫。但当它跨越国界之后，名声一下提高，把它命名为生态卫士，一点也不过分。

在澳大利亚，为发展畜牧业，引进了大量的牛羊，想不到的事情发生了，迅速发展起来的4.5亿头牛，每天排出上亿堆的牛屎在草地上，使大片大片的草地被牛粪盖得严严实实，牛粪风化后又干又硬，阻碍了牧草的生长，牧草不是枯死就是发黄，整个草原出现了斑斑秃秃的衰败景象。每年被牛粪毁坏的草地达1944万平方米。同时，牛粪又为苍蝇提供了孳生的条件，各种苍蝇大量孳生起来，传播疾病，危害人畜，严重威胁澳大利亚畜牧业的发展。

面对这个问题，科学家研究来研究去，觉得不妨用蜣螂试一试，蜣螂果然不负众望。放出的蜣螂把堆堆刚排出的牛粪滚成一个个的球团，埋贮在土壤里。蜣螂使土壤结构疏松，养分增加，苍蝇因牛粪减少则得到了控制，几年之内，几乎崩溃的草原又重新获得了生机，牧草更加茂盛。

这个事例说明，自然环境中的生物对生态环境都有着各自的贡献，我们今天认为它无用是因为我们还没有认识到它的作用，一旦认识到了，各种生物必将为人类利用。

# 用生物防治病虫害

由于森林和农作物的病虫害对农药的抗药性显著增加，农药的害处越来越显示出来。它在杀死部分害虫的同时，杀死了害虫的天敌，造成土壤和水质变坏，危害水生物的生长。害虫天敌的减少又给害虫提供了大量繁殖的机会，害虫一增加，人们势必又要开发新的农药或增加原有农药的剂量。最终，真正受害的还是那些处于食物链上的生物。

人们一直在寻求不发生污染而又能防治病虫害的方法，其中环境控制法、生物防治法得到人们的重视。

环境防治法是一种较古老的做法，它是用人工方法改变害虫的生活环境，使之不能生存和繁殖，从而达到控制害虫的目的。如蚊虫繁殖需要水才能进行，在城市里，如果将雨水和生活污水引进管道中，蚊虫就失去孳生的条件。蝗虫要在沼泽地带才能繁殖，如果改变沼泽地的环境，蝗虫就失去了繁殖地的条件。我国的蝗虫和血吸虫就是靠这种方法得到了有效的控制。

生物防治法是利用害虫的生物天敌来消灭害虫。害虫的生物天敌包括寄生虫、病原菌、病毒、真菌、益鸟、鱼类、两栖动物等。我国害虫天敌资源相当丰富，如蚜茧蜂我国有104种，而日本只有46种，美国也只有75种。农田红蜘蛛已发现153种，超过日本一倍。浙江水稻害虫天敌425种，贵州茶树害虫天敌198种。这些害虫天敌为我国发展生物防治法提供了优越条件。

北京利用赤眼蜂防治玉米螟、棉铃、草果卷叶蛾、稻纵卷叶螟等害虫。放蜂农田达14.58亿平方米，仅1975年至1977年就增产粮食1350万千克。湖北枝江县坚持9年放赤眼蜂，1.9亿平方米棉田被害率由20%降至1.8%。

鸟类也是灭虫的重要能手，一只燕子，在一个夏季要吃掉6.5万只蝗虫，如果把这些蝗虫头尾相近排列，可长达3千米。一只小小的雨燕，在一个夏季可吃掉蚊子虫子等昆虫，多达25万只，若排列起来可长达1千米。一只夜鹰一个晚上就可捕捉蚊虫500只，称它为蚊虫的克星一点也不过分。一只猫头鹰在一个夏季可捕食1000只田鼠，按1只田鼠在1个夏季糟蹋粮食1千克计算，一只猫头鹰在1个夏季就保护了1000千克粮食。

蔬菜是人们日常生活不可缺少的食品，蚜虫、蝼蛄等害虫常蚕食菜叶、菜心和根茎，给菜农带来极大麻烦。蚜虫的繁殖力很强，一只蚜虫，要是没有天敌存在，一年内繁殖的后代数量可把整个地球密密麻麻地盖满一层。幸亏菜园中常有戴胜、麻雀等蚜虫天敌的存在，使大部分蚜虫都被捕杀。

我国森林常遭受松毛虫和天牛之害。山东平邑县浚河林场，多年前就受天牛之害，施用农药和人工防治成效不大，以后他们引进两对啄木鸟，经过三个冬季，天牛幼虫由原来的每百棵树八十只，下降到不足一只。我国松毛虫危害面积达216亿平方米，而100条松毛虫，半个月就能把一棵生长了十几年的松树的叶子吃光。一只杜鹃，一小时能啄食上百条松毛虫。一只大山雀在育雏期每天可消灭400条松毛虫。黄鹂鸟也能大量消灭松毛虫。这样好的灭虫能手，我们为什么不利用呢？

农作物的病害可以通过杂交或抗性培育法，使作物具有抗病能力。例如在美国西北部曾发生小麦锈病蔓延，给农民造成了重大损失，忧虑的农民在寻找出路时，发现了一种小麦变种。这种小麦变种杆细、天气恶劣时易倒伏，不耐寒、难以越冬，而且种晚之后就长不快，好不容易到了收割期，用它的面粉做面包却质量很差，所以之后多年来无人问津，它似乎成了一种无用的生物。恰恰是这种变种小麦能抗四种小麦锈病和另外两种疾病。用它来与其它"优良品种"杂交，培育出的新品种，每年能挽回因小麦疾病造成的数百万美元的损失。

# 加强绿化好处多

　　绿色植物处于食物链的始端，它的兴衰决定着空气的好坏、水土与气候的状况，以及动物的生长发育，由此而影响到人类的生活。我们应大力提倡绿化工作，保护好现有的原始森林。

　　100平方米阔叶林在生长季节，每天可以消耗一吨二氧化碳，放出730千克氧，从而可以防止二氧化碳在大气中积累，产生温室效应，而放出的氧气又使空气的含氧量相对稳定，有利人类和动物的生存。此外，绿色植被还是净化空气中有害物质的重要帮手。

　　英国每年散放入空气中的500万吨二氧化硫中，有390万吨降落到了大地上，其中70万吨被雨水带走，320万吨二氧化硫被绿色土地吸收。植物吸收能力是土地吸收能力的8倍，如100平方米柳杉可吸收720千克的二氧化硫，259平方千米的紫花蓿可吸收600千克二氧化硫。其它污染物如氟化氢、氯气、氨、臭氧和重金属铅、锌、铜、镉、铁等都能被树和草吸收。

　　此外，人们还发现树林或灌木丛林可吸收噪声，一条30米宽的林带可使20至300赫兹范围内的噪声衰减7分贝，一条40米宽的林带可使噪声衰减10至15分贝。

　　经测定：绿化的居民区与没有绿化的居民区相比，在夏季气温要低1.3至8摄氏度，可减少尘埃4.2%至27%，可灭菌29%至65%。同时，绿色可以清除眼睛和心理的疲劳，提高劳动效率，稳定情绪，促进睡眠。此外，在树荫下，阴离子浓度高，可调节人体血清素的浓度和促进新陈代谢，有利于高血压、神经衰弱、心脏病人恢复健康。

　　由于绿色植物有上述作用，花园式工厂、城市草地和行道路树的培植，受到世界各国的重视。

专家经长期观察研究，森林可以截留大量的水分，落叶松林截留15%、松树林20%至25%、云杉林为40%至60%、冷杉林为40%至80%。森林密度越大，林冠层次越多，截留量越大。这样，每100平方米森林可蓄水4000至5000吨，仅长白山自然保护区森林蓄水就达76至95亿吨，如果加上天池的蓄水量，累计96至115亿吨，略高于吉林省目前可利用淡水的总量。

科学家们进一步研究，发现540平方米的有林区比无林区土地大约多蓄水20吨，这样2700万平方米森林的土地中蓄存的水就相当于一个总容量100万吨的小型水库。因此，森林被称为绿色的水库是非常恰当的，我们应该保护绿色的森林。

一条林带能使比树高20至25倍距离的空中风速降低一半，可把灾害性的大风变成无害的小风。风速降低，削弱了风的携沙能力，再加上树木的阻沙和固沙作用，流沙就会变为固定沙。

我国从1978年实施"三北"防护体系计划，经过近10年的努力，使昔日"不毛之地"的毛乌素和科尔沁两大沙地的林木覆盖率达到14%左右，不但防止了沙化面积的进一步扩大，而且进入了全面改造和利用沙漠的新阶段。1986年我国又开始中实施了"三北"防护林第二期工程，到时，占黄土高原三分之一的水土流失面积将得到控制，黄河中游两岸的绿色将有较大的发展，黄河携入海里的沙量将减少。

林木的枯枝落叶可以肥田是人所皆知的事实，科学家们对此进行精确测定，500千克紫穗槐的鲜嫩枝叶相当于30千克的硫铵、8千克磷酸钙、7.5千克硫酸钾的肥力，而一株七八年生的泡桐树，每年可产花叶100至200千克。在农田四周种植林木，不但提高土壤肥力，更重要的是能使有机质进入土壤，消除土壤板结和有机质严重偏低的状况，有利于农作物生长。

# 用塑料树改造沙漠

据科学家测算，全球受沙漠影响的土地有3800万平方公里，等于四个美国那么大；我国960万公平方公里的土地上，其中沙漠、戈壁和沙漠化的土地占了153万平方公里，人们预测，沙漠正在进一步扩大对人类生存造成极大的威胁。

人们曾想办法去改造沙漠，但很难。因为沙漠太热了，太干了，风也太大了，种树种草都无法存活。

一位西班牙学者提出了一个好主意："派"人造树到沙漠去，作为改造沙漠的先遣队。

人造树做得和天然树一样，有根系，有树干，有枝、有叶，而且每株都有7-10米那么高。人造树是用聚氨酯和酚醛泡沫塑料做的，树根是由三条空心管道组成的一个三角形的框架，空心管壁上密布着小孔，用高压将聚氨酯塑料注到这三条空心管里去，塑料就会从管壁四周的小孔中渗漏出来，向着沙土的深处和远处延伸，等塑料凝固以后，这些人造树根就牢牢地固定在沙土里了，再强暴的风也吹不倒它了。人造树就这样先站稳了"脚跟"。

那些深深扎入沙土中的塑料细根，还能起着毛细管的作用，将沙土下面潜藏的数量很少的水分，不停地吸到叶面上来，在阳光下蒸发，这样，人造树周围的空气就会变得湿润。再有，人们通常将人造树的树冠浇注成棕榈树树冠的形状，因为这种形状铺展的面积大。当夜晚沙漠中的温度降低的时候，空气中的水分就会在这些硕大的叶片上冷凝成许多露珠。人造树的树叶还能把这些露珠也吸收到枝干里去，到白天气温升高时，再缓缓蒸发出来，这也能增加空气的湿度。

　　此外，人造树巨大的树冠还能形成树荫，使周围的气温降低。如果人造树的栽种面积比较大，就会在上空形成一个小小的冷气团。平时，从沿海地区深入到沙漠上空的暖湿气流，都因为沙漠地面上空的气温太高而让它们白白流过，如果沙漠上空有了冷气团，那冷气团会迫使暖湿气流降低温度，气流中饱含的水蒸气就会凝成雨滴，撒向干燥的沙漠。

　　因此，那位西班牙学者认为，有了人造树作为改造沙漠的先遣队以后，就能在人造树的下面种上小树、小草，它们得到人造树的滋润和保护，就能在沙土里扎下根，生存下去，它们也会起着改变沙漠气候和土壤的作用，到那时，沙漠就会渐渐成为真正的绿洲。

# 请细菌清除海上污油

海上油轮泄漏原油的事故屡屡发生，每次原油泄漏犹如滚滚黑潮，给海洋生物带来灭顶之灾。1989年，美国埃克森石油公司的"瓦尔德兹"号油轮在威廉王子海湾不幸触礁，3.3万吨原油泄漏入海湾，漏出的原油迅速向四周扩展，油膜覆盖了1600平方公里的海面，使1000多公里长的海岸受到污染。当时有关部门出动1000多人参加威廉王子海湾海滨及阿拉斯加一带的清除漏油工作。

清除海上泄漏原油，一般用物理方法或者化学方法。例如，用橡胶制成敛油毯，敛油毯在污染海面上拖行，浮油被粘附在毯下面，再从毯下将原油吸入橡皮管进行回收。这属于物理方法。化学方法是用一些特殊的化学物质来除油。用船把用于除油的化学物质运到海面，喷洒在石油上，让它们与油污发生化学反应，形成胶状薄片，再用拖网打捞回收。但是，无论用哪种方法，仍有很多油污留在海水中。这些遗留下来的油污足以使海洋中的鱼类、贝类甚至海鸟中毒受害。瓦尔德兹漏油事故之后，为了彻底清除漏油，美国环保局研究与开发部的一个救援小组率先进行了生物补救法的现场试验。他们把丰富的营养物质喷洒在威廉王子涨湾和阿拉斯加污染区，两天后，试验区的漏油明显地减少了。从此，生物补救法引起人们的关注。生物补救法为什么能消除漏油呢？这还得从头说起。

石油泄漏到海上，首先迅速扩散，接着形成薄薄一层油膜。油膜中有些物质在2-3天内挥发进入大气，这些物质大约有25-30%，这样一来，油膜变成粘滞状。与此同时，部分漏油同海水发生乳化反应，形成乳胶微粒或油珠。在这一阶段，如果打一场细菌歼灭战，让细菌充分发挥分解石油的作用，就能把那些乳胶微粒和油珠统统消灭。否则，那些乳胶微粒就会沉到海底，油珠向深海漂移，污染深海的海水。

石油的主要成分是碳元素和氢元素组成的直链的或环状结构的化合物，叫碳氢化合物。海水中天然存在着一些细菌，这些细菌具有特殊的本领，能把石油中的碳氢化合物当作美餐吃掉，并转变成二氧化碳和水以及脂肪酸等无害物质。但是，平常海水中细菌的营养物质，即碳、氮、磷等含量很低，海水中细菌的数量也较少。漏油后，虽然碳的含量大大增加了，而氮和磷的含量仍然很低，细菌还是不能大量繁殖生长，也就不能将大量的碳氢化合物吃掉。因此，救援小组在威廉王子海湾试验补充氮、磷等营养物质，促进细菌的生长，试验区的漏油才能很快消除。

完全靠天然存在的细菌分解石油，威力还不够大，科学家们设想从大海里挑选吃细菌效率最好的细菌，就能更有效地分解石油。日本村上博士从日本川崎港的海水中选出一种能很快分解原油的细菌。日本海洋生物技术研究所从1990年开始研究生物补救法。他们从太平洋的不同水域收集来成千上万种海洋细菌，选择和培育分解石油的强效菌。他们还研究细菌和营养物的最佳配方、细菌快速繁殖的技术以及用基因工程的方法培育菌种。

# 参考书目

《科学家谈二十一世纪》，上海少年儿童出版社，1959年版。

《论地震》，地质出版社，1977年版。

《地球的故事》，上海教育出版社，1982年版。

《博物记趣》，学林出版社，1985年版。

《植物之谜》，文汇出版社，1988年版。

《气候探奇》，上海教育出版社，1989年版。

《亚洲腹地探险11年》，新疆人民出版社，1992年版。

《中国名湖》，文汇出版社，1993年版。

《大自然情思》，海峡文艺出版社，1994年版。

《自然美景随笔》，湖北人民出版社，1994年版。

《世界名水》，长春出版社，1995年版。

《名家笔下的草木虫鱼》，中国国际广播出版社，1995年版。

《名家笔下的风花雪月》，中国国际广播出版社，1995年版。

《中国的自然保护区》，商务印书馆，1995年版。

《沙埋和阗废墟记》，新疆美术摄影出版社，1994年版。

《SOS——地球在呼喊》，中国华侨出版社，1995年版。

《中国的海洋》，商务印书馆，1995年版。

《动物趣话》，东方出版中心，1996年版。

《生态智慧论》，中国社会科学出版社，1996年版。

《万物和谐地球村》，上海科学普及出版社，1996年版。

《濒临失衡的地球》，中央编译出版社，1997年版。

《环境的思想》，中央编译出版社，1997年版。

《绿色经典文库》，吉林人民出版社，1997年版。

《诊断地球》，花城出版社，1997年版。

《罗布泊探秘》，新疆人民出版社，1997年版。

《生态与农业》，浙江教育出版社，1997年版。

《地球的昨天》，海燕出版社，1997年版。

《未来的生存空间》，上海三联书店，1998年版。

《宇宙波澜》，三联书店，1998年版。

《剑桥文丛》，江苏人民出版社，1998年版。

《穿过地平线》，百花文艺出版社，1998年版。

《看风云舒卷》，百花文艺出版社，1998年版。

《达尔文环球旅行记》，黑龙江人民出版社，1998年版。